# 逆袭人生：谁的一生不跌宕起伏

高桂萍 编著

吉林文史出版社
JILIN WENSHI CHUBANSHE

图书在版编目（CIP）数据

逆袭人生：谁的一生不跌宕起伏／高桂萍编著. --
长春：吉林文史出版社, 2019.8
ISBN 978-7-5472-6505-5

Ⅰ.①逆… Ⅱ.①高… Ⅲ.①成功心理－通俗读物
Ⅳ.①B848.4-49

中国版本图书馆CIP数据核字(2019)第166052号

逆袭人生：谁的一生不跌宕起伏
NIXI RENSHENG SHEI DE YISHENG BU DIEDANGQIFU

编　　著　高桂萍
责任编辑　高冰若　　宋昀浠
封面设计　韩立强
出版发行　吉林文史出版社有限责任公司
地　　址　长春市净月区福祉大路5788号
网　　址　www.jlws.com.cn
印　　刷　天津海德伟业印务有限公司
版　　次　2019年8月第1版　　2019年8月第1次印刷
开　　本　880mm×1230mm　　1/32
字　　数　145千
印　　张　6
书　　号　ISBN 978-7-5472-6505-5
定　　价　32.00元

# 前　言

　　走过的路越长，越发现挫折无处不在。多年的全媒体从业经历让我体会到了时代的多变，以及成功的艰难。实体经济面临移动互联网的撕裂式冲击，传统媒体遭受新媒体的碾压，新媒体也因野蛮收割流量而遭到大众质疑……

　　每一段艰辛的路程，都是生活对我们的磨炼。100多年前，当有人用极其尊敬的口吻问卢梭毕业于哪所名校时，卢梭的回答出人意料且引人深思："我在学校里接受过教育，但最令我受益匪浅的学校叫'逆境'。"

　　原来，是逆境成就了伟大的卢梭。这也印证了一句老话："自古英雄多磨难，从来纨绔少伟男。"没有哪一个聪明人会否认痛苦与忧愁的锻炼价值。谁没有面临过逆境？为什么大多数人不能成为强者，只是在逆境的旋涡中苦苦挣扎或毁灭或无奈地走向平庸？

　　成为强者与沦为弱者的区别在于——能否有效应对逆境。有些逆境只不过是水烧开前的噪音，你只需要有再添一把"柴"的耐心与行动就行了；有些逆境却是十字路口的红灯，警告你不要一意孤行，这时你需要另找一条适合自己的路；还有一些逆境其实只存在于你的心中，你需要大胆地打破自设的心理牢笼。

　　凡事皆有定期，万物皆有定时。当你有了不卑不亢熬下去的勇气，有坐等云开雾散的耐性，那么，你遇到的挫折，被包裹的黑暗时光也是有定期的。

罗曼·罗兰曾说："世上只有一种英雄主义，就是在认清生活真相之后依然热爱生活。当我们摒弃外在的喧嚣，求于内心，把目光放在追求心灵的安适上。纵然成功的标准有千万种，我们只需知道，自己的最终负责对象，终归是自己。"

没有一帆风顺的人生，只有自强不息的自己。愿你三冬暖，愿你春不寒，愿你天黑有灯，愿你下雨有伞，愿你一路上有良人相伴。愿有人陪你颠沛流离，愿你惦念的人能和你道早安，愿你独闯的日子里不觉得孤单，愿你人间走一遭此生已尽兴。

# 目 录

## 第一章 站直喽，别趴下

## 第二章 靠智慧冲出逆境

## 第三章　逆境就是心中的牢笼

## 第四章　成功不止一条路

# 第一章　站直喽，别趴下

"掌声响起来，我心更明白，经过多少等待，经过多少失败……"这首流行歌曲道出了成功背后的无限艰辛。

我们每一个人都渴望成功，渴望拥抱鲜花和掌声。但是却又都害怕失败的感觉，甚至极力逃避失败。既想成功又逃避失败，这实在挺矛盾的。失败是登上成功必经的阶梯，在经历成功之前，每个人大都得经历许多失败。

迈向成功的路几乎完全是经过一次又一次的失败之后铺出来的。然而，实际生活中许多人却不顾一切，甚至不计代价地想要逃避失败。这种对失败的恐惧与其他的恐惧是相伴相生的。殊不知，逃避失败就是逃避成功。

# 跌倒了要勇敢爬起来

有人问一个小孩子："怎样才能学会溜冰？"小孩回答："每次跌倒后，立刻爬起来！"跌倒后，立刻爬起来，向失败夺取胜利，这是自古以来伟大人物的成功秘诀。检验一个人品格的最好时机，就是在他失败的时候，看他失败了以后将采取怎样的行动。因此，国外银行家的格言是："破产 12 次的人，是可以信任的。"

林肯是"屡败屡战"的典范。据统计，他的一生失败了 35次，只成功了 3 次。在他参选参议员落败的时候告诉自己："这只不过是摔了一跤，并不是死去而爬不起来。"正是因为他能够坦然面对失败，所以能坚持到第 3 次成功，成为美国总统。

面对失败，你有两种选择：一种是沉浸在悲痛中，任由自己颓废，从此止步不前。另一种是痛定思痛，将压力化为动力。成功的人，往往选择后者。

吉本辛勤耕耘 20 年才写出了他的《罗马帝国盛衰史》；诺亚·韦伯斯特历时 36 载才有了《韦伯斯特大词典》的雏形；乔治·班克罗夫特穷其 26 年的心血，写出了《美利坚合众国史》。提香曾给查理五世致信："我把我最重要的一幅作品献给陛下，这 7年的所有时间我都花在了这幅作品上。"乔治·史蒂芬森用了 15年的时间来改进他的火车头；瓦特用了 20 年改进蒸汽机；哈维观察了 8 年，才出版了他揭开血液循环奥秘的著作。哈维当时曾被同行们称作精神病患者、骗子，他忍受了 25 年的攻击和嘲弄，最终才让学术界承认了他的伟大发现。

迈克尔·乔丹总结说："乐观积极地思考，从失败中寻找动力。有时候，失败恰恰正是使你向成功迈进的一步。譬如修车，一次次的尝试也未能奏效，但却越来越逼近正确答案。世界上的伟大发明都是经历过成百上千次的挫折和失败才获得成功。"战胜失败是第一步，也是关键的一步。我们要正视失败，对失败有一个正确的态度。

贝格大概是 20 世纪最杰出的剧作家了，就连他这样成功的人也会说："我觉得失败是家常便饭。在失败的恶劣空气中深呼吸，精神会为之一振。"1905 年爱尔伯特·爱因斯坦的博士论文在波恩大学未获通过，原因是论文离题而且充满奇怪思想。这使爱因斯坦感到沮丧，但却未能使他一蹶不振。温斯顿·丘吉尔曾被牛津和剑桥大学以文科成绩太差而拒之门外。里查德·贝奇只上了一年大学，当他写出《美国佬生活中的海鸥》一书时，书稿被搁置了 8 年之久。其间他曾被 18 家出版社拒之门外，然而出版之后十分畅销，被译成多国文字。销量达 700 万册，他本人也因此而成为享有世界声誉的受人尊重的作家。美国职业足球教练文斯·伦巴迪当年曾被批评为"对足球只懂皮毛，缺乏斗志"。美国迪士尼乐园的创建者沃尔特·迪士尼当年曾被报社主编以缺乏创意的理由开除。建立迪士尼乐园前也曾破产好几次。亨利·福特在创业成功前也曾多次失败，破产过 5 次。拥有超过 100 本西方小说、发行逾 200 万本作品的成功作家路易斯·阿莫在第一次出版销售前被拒绝了 350 次。后来他成为第一位接受美国国会颁发特别奖章的美国小说家。托马斯·爱迪生试验超过 2000 次以上才发明了灯泡，当一位记者问他失败了这么多次的感想时，他风趣地说："我从未失败过一次，我发明了灯泡，而那整个发明过程刚好有 2000 多个步骤。"

# 破釜沉舟，绝地逢生

1993 年夏天，有一个叫项乾的大学生毕业后开始求职。但西安城之大，竟没有他的容身之地。一无关系二无技术之长的中文系毕业的他很快就沦落为一个四处打零工、三餐不继的流浪汉。

1993 年 9 月 27 日，是项乾一生中最值得牢记的日子，那一天他弹尽粮绝，而他的人生转折点也从此开始。在那个阳光和煦的午后，项乾在大街上漫无目的地走着，路过一家大酒楼时，他停住了。他已经记不清有多久不曾吃过一顿有酒有菜的饱饭了。酒楼里那光亮整洁的餐桌，美味可口的佳肴，还有服务小姐温和礼貌的问候，令他无限向往。项乾的心中忽然升起一股不顾一切的勇气，他推开门走了进去，选一张靠窗的桌子坐下，然后从容地点菜。他简单地要了一份鱼香肉丝和一份扬州炒饭，想了想，又要了一瓶啤酒。吃过饭后，项乾将剩下的酒一饮而尽，他借酒壮胆，努力做出镇定的样子对服务员说："麻烦你请经理出来一下，我有事找他谈。"

经理很快出来了，是个五十开外的中年人。项乾问他："你们要雇人吗？我来打工行不行？"经理听后显然愣了："怎么想到这里来找工作呢？"项乾恳切地回答："我刚才吃得很饱，我希望每天都能吃饱。我已经没有一分钱了，如果你不雇我，我就没办法还你的饭钱了。如果你可以让我来这里打工，那就有机会从我的工资中扣除今天的饭钱。"酒楼经理忍不住笑了，向服务员要来项乾的点菜单说："你并不贪心，看来真的只是为了吃饱饭。这样吧，你先写个简历给我，看看可以给你安排个什么工作。"

此后项乾开始了在这家酒店的打工生涯。他从办公室文秘做到西餐部经理又做到酒店副总经理。再后来，他开起了自己的酒店。

俗话说："置之死地而后生。"遇到非常时期，人是要有点非常思维和非常勇气的。在最后的关头，唯有抱着破釜沉舟的决心，才能绝地逢生。

# 要有勇气面对逆境

从某种意义上说，人类是一种最无能的动物，我们既没有鸟儿的翅膀、马儿的铁蹄，又没有狮虎的威武、牛的蛮力、狗的友善。但是，我们却能比鸟儿飞得快，比马儿跑得远，甚至主宰动物。那么，人类靠的是什么法宝呢？这是因为人类具有所有禽兽所没有的东西，那就是与逆境搏斗的精神和智慧。

逆境是随时随地都存在的。我们的祖先，就是在与逆境搏斗的过程中掌握了生存的武器，黑暗教会他们"钻木取火"，严寒教会他们纺纱织布，而野兽的侵袭教会他们搭房和使用工具……慢慢地，当这一切变得越来越满足不了他们的需要时，他们就用自己的智慧和勇气不断地去改善这一切。因此就出现了今天的电灯、空调、楼阁别墅……

社会进入文明时代，人类不再靠与野兽斗争来获得温饱。那么是不是说今日的社会就不再需要斗争了呢？不！在今天这个充满竞争机制的社会中，斗争的方法，只会比以前更残酷，斗争的敌人只会比以前更复杂。我们不单要应付来自自然的威胁，更要对付来自社会的阻力。我们随时都可能会遇上失学、失业、失恋，乃至痛失亲人的打击。这个时候，我们唯有拿起斗争这个法宝去抗争、去拼搏。

工厂运转的机器、路上行驶的车辆、家庭使用的电器，哪一样不需要消耗能源呢？人类不停采掘贮存于地下的石油，而石油藏量毕竟有限，一旦用尽，人类必将陷入困境。在 20 世纪 70 年代爆发的巴以战争，以输出石油为经济命脉的阿拉伯国家就挥起了石油这面大旗，对所有支持以色列的国家进行石油禁运，使得其国家的石油供应大量不足。于是，牵一发而动全身，其他工业发展也都停顿下来。全世界的人都恐慌了，尤其是能源极度缺乏的日本，它的工业主要依靠阿拉伯人的石油，一旦缺乏了"源头活水"，许多工业企业只得倒闭、破产。为了维持工业集团的生存，日本人不惜放下自尊，向阿拉伯人摇头乞"油"了。从表面上看，日本人吃尽了"石油危机"的苦头。但殊不知，石油危机的背后却是日本的空前繁荣。

众所周知，汽车工业是一种带动整体工业发展的中间产业。汽车的出现，带动了交通业、钢铁业、电机业，音响设备和制冷，甚至纺织、石化、橡胶等一系列产业链的发展。而且供养汽车，需要石油、维修、保险以及银行的借贷分期付款计划等金融业务。因而将这些企业也给带动起来。所以，汽车工业发达的国家，其他工业也一定发达。

日本人当然熟知这个浅显的道理。在石油危机爆发之前，日本人就已发明了小排量汽车，准备打入美国市场。小排量汽车较之大排量汽车，有耗油少的特性，但在当时石油多如流水的美国，耗油多、耗油少没有什么两样，不同的是大汽车要舒适、豪华、气派得多。因而，尽管日本人挖空心思、削尖脑袋想挤进美国市场，但苦苦奋斗了十余年仍未能如愿以偿，日本人在等待时机。

在石油危机爆发前的一个月，日本人在美国西海岸各大港口囤积了大约70万辆小排量汽车等候上岸推销，但因为无法把握市场时机，没有人敢去提取那些待价而沽的小排量汽车。眼看码头上的小汽车就要变成一堆废铁了，而日本的汽车工业也就只能面临亏损的局面。这时，爆发了中东石油危机，石油供应的空前紧张，给日本人带来了福音。美国人懂得小排量汽车省油的特殊功能，而不再计较车子的大小舒适问题了。因此，一夜之间，小排量汽车成为抢手货，由一位"嫁不出去的灰姑娘"摇身一变成为"高贵的公主"，身价百倍。于是，在小排量汽车的带动下，整个日本的工业便趁石油危机之机起飞了。

石油危机不仅给日本人带来了诸多的好处，而且使得石油能源本身也得到足够的重视。在这以前，人们总认为全球石油是取之不尽，用之不竭的。即使在那些悲天悯人的预言家们散布了世界的石油将消耗殆尽的恐怖思想后，人们也只是觉得这不过是十分遥远的假设，并没有具体的对策。而当石油危机出现后，尝够苦头的人们终于知道动脑筋去想办法了。各国一方面是大力提倡要尽力节省能源，不再作无谓的浪费，另一方面是努力地去找寻石油的替代品。一旦全球石油耗费殆尽时，便可利用水力发电、天然气、煤和核能发电之类的东西去替代它。

我国有句俗语叫作"置之死地而后生"，意思就是：即使面对"死地"，也要抱着将生命抛于脑后的勇气去拼搏，然后才能获得生存。所以我们说逆境并不可怕，可怕的是我们缺乏面对逆境的勇气。

## 有时困难是我们的恩人

有两个强盗偶然经过一架"绞架"。其中一个说："假如世间没有了绞架这一类的刑具，我们干的才真是一种很好的职业呀！"另一个强盗回答说："你真是一个笨蛋！绞架是我们的恩人，假如世间没有绞架这一类刑具，则人人都要做抢劫的勾当，那你我两人的买卖，岂不反要做不成了？"

各种技艺、职业或事业，亦都如此。困难是我们的恩人，有了困难，才能挡住或淘汰掉一切不如我们的竞争者，使我们更容易得到胜利。因为，平坦的大路边没有鲜美的果实。

斯巴昆说："许多人之所以伟大，来自他们所经历的艰难困苦。"精良的斧头，其锋利的斧刃是从熊熊炉火的冶炼中磨砺中得来的。

因此说来，困难不是我们的仇敌，而是恩人。困难可以锻炼我们"战胜逆境"的种种能力。森林中的大树，要是不同狂风暴雨搏斗过千百回，树干就不能长得粗壮挺拔。同样，人不遭遇种种困难，他的品格、本领，也是不会长得结实的。所以一切的挫折、忧苦与悲哀，都是帮助我们、锻炼我们的。

有许多人不到穷困潦倒时，就不会发现自己的力量，逆境的磨难，反能帮助他发现自己。困难仿佛是将他的生命炼成"美好前程"的铁锤与斧头。

一旦幼鹫的羽毛生成，母鹫立刻会将它们带出巢外，让它们作空中飞翔的练习。这种经验，能使它们于日后成为禽鸟中的君主和觅食的能手。

　　一些青年在艰苦环境中成长，又到处被摈弃、被排斥，往往日后会有出息；而那些从小生活在优越环境里的人，却常常"苗而不秀，秀而不实"。

　　塞万提斯创作《唐·吉诃德》时是在他困处马瑞德狱中的时候。那时他贫困不堪，而在即将完稿时却无钱买纸，只得把皮革当作纸张。有人劝一位富裕的西班牙人去接济他，但那人回答说："上天不允许我去接济他的生活，因为唯有他的贫困，才能使他的内心世界更加丰富！"

　　监狱往往能唤起有志者心中已经熄灭的火焰。《鲁滨孙漂流记》是在狱中写成的；《天路历程》是彼特在福特监狱中写成的；《世界历史》是拉莱在他13年的幽囚生活中写成的。路德被囚禁在瓦特堡的时候，把《圣经》译成了德文。大诗人但丁的作品也是在做囚徒的时期完成的。

　　有史以来，被压迫、被驱赶简直是犹太人注定的命运。然而犹太人却创作了许多可贵的诗歌、巧妙的谚语、华美的音乐。对于他们的"迫害"仿佛总是同"幸福"携手而来的。长期在逆境中生活的犹太人很勤奋也很乐观，这给他们带来了智慧和富裕。一些国家的经济命脉，几乎掌握在犹太人手中。对于他们，困苦如春日的早晨，虽带霜寒，但已有暖意。春寒料峭，足以杀掉土中的害虫，但挡不住复苏植物的生长！

　　贝多芬在两耳失聪、生活最悲痛的时候写出了伟大的乐曲；席勒被病魔困扰15年，而他的最有价值的作品，就是在这个时期中写成的；弥尔顿在双目失明、贫病交迫的时候，写下了他的名著。所以彭扬说："为了要得到更多的幸福，我宁愿祈祷更多的忧患到临。"

　　一个大无畏的人，愈为环境所迫，反而愈加奋勇。不战栗不逡巡，胸膛直挺，意志坚定，敢于对付任何困难。轻视任何厄运，嘲笑任何阻碍。因为忧患、困苦不足以损他毫发，反而增强了他的意志、力量与品格，使他成为了不起的人物——这真是世间最可敬佩、最可羡慕的一种人。没有什么困难可以阻挡大无畏的人往前进，也没有什么逆境可以阻挡他前进的步伐。

西方有句名言："你想成功，上帝一定给予，但你需要付出代价。"在中国，孟子也有一句警世恒言："天将降大任于斯人也，必先苦其心志，劳其筋骨，饿其体肤，空乏其身。"说的都是同一道理。

成功不等同于代价，但成功后面一定会有代价。屈原因为被放逐而著《离骚》；司马迁因受腐刑而作《史记》；杜甫一生穷困，连爱子都养不活，却写出许多不朽诗篇；苏东坡仕途失意，怀才不遇，却吟出了不少豪气奔放的千古名言；痛感国破家亡，李后主填出不少感人肺腑的诗词；痛失丈夫、痛悼国亡，李清照由此写出了不少惊心动魄的千古绝句；曹雪芹煮字疗饥，足不出户，却写出了流芳百世的名著《红楼梦》。

要想成功，不可避免地要付出代价。这种代价，往往表现为挫折。一旦你在生活中不幸遇到挫折，是否就听任自己一挫即败，一蹶不振呢？答案无疑是否定的。你完全可以从他人那里获得鼓励，吸取重新站起来的勇气。在我们周围，不乏能给予你帮助的人。当然，同你一样处于低谷的也大有人在。不过，对于此时此境的你来说，这种"同是天涯沦落人"的感觉却是应竭力避开的。否则，你的挫败感将益发沉重。

具有五千多年历史的中华民族也历尽坎坷才到今天。台湾学者柏杨先生曾经指出："中国人的历史就是由战争、宫廷斗争、贫穷饥荒、被人奴役的悲惨历史构成的，上下五千年，最太平的日子，算是现在。"柏杨先生的话虽然有点偏颇，但还是从一个侧面反映了中华民族历史的坎坷。清朝以前的中国人口，不过四五千万，且每三五年间，就会遇上旱灾和饥荒，常常弄得人民流离失所，家破人亡，甚至"易子而食"。而现在社会安定、国富民强、人民安居乐业、丰衣足食，祖国到处一片繁荣昌盛的景象。

　　拿破仑说得好："在地狱中，人能创造天堂，在天堂中人能创造地狱。"人只有尽善尽美地发挥自己的能动性，才能在艰难困苦中屹立不倒。人是环境的主宰，是不可战胜的。

## 没有战胜不了的困难

在《读者》杂志上看到一个惊心动魄的故事：

罗伯特和妻子玛丽经过千难万险终于攀到了山顶。站在山顶上极目眺望，远处城市中白色的楼群在阳光下变成了一幅画。仰头，蓝天白云，柔风轻吹。两个人高兴得像孩子，手舞足蹈，忘乎所以。对于终日劳碌的他们，这真是一次难得的旅行。

乐极生悲正是从这个时候开始的。罗伯特忽然一脚踩空，高大的身躯打了个趔趄，随即向万丈深渊滑去。周围是陡峭的山石，没有手抓的地方。短短的一瞬，玛丽就明白发生了什么事情，下意识地一口咬住了丈夫的上衣，当时她正蹲在地上拍摄远处的风景。同时，她也被惯性带向岩边。在这紧要关头，她抱住了崖边的一棵树。罗伯特悬在空中，玛丽牙关紧咬，你能相信吗？两排洁白细碎的牙齿承担了一个高大魁梧身体的全部重量。他们像一幅画，定格在蓝天白云大山峭石之间。玛丽的长发像一面旗帜，在风中飘扬。玛丽不能张口呼救，一小时后，过往的游客救了他们。而这时的玛丽，美丽的牙齿和嘴唇早被血染得鲜红鲜红。有人问玛丽如何能挺那么长时间，玛丽回答："当时，我头脑里只有一个念头：我一松口，罗伯特肯定会死。"

几天之后，这个故事像长了翅膀飞遍了世界各地。人们发现，死神也怕咬紧牙关。

生活中，我们常常会遇到各种危险情景，却又无能为力，唯一的出路就是咬紧牙关坚持，相信一切都会过去。这就需要我们有一个镇定的心态，坚强的意志，去经受时间一分一秒流逝的考验。就像玛丽那样咬紧牙关，别松口，别泄气。如果死神都害怕我们咬紧牙关，那么失败、挫折就统统算不上什么了。卡夫卡说："切莫绝望，甚至不要为了你从不绝望这一事实而感到绝望。"

　　希拉斯·菲尔德先生退休的时候已经攒了一大笔钱，然而他又突发奇想，想在大西洋的海底铺设一条连接欧洲和美国的电缆。随后，他就全身心地开始推动这项事业。前期基础性的工作包括建造一条1000英里长，从纽约到纽芬兰圣约翰的电报线路。纽芬兰400英里长的电报线路要从人迹罕至的森林中穿过，所以要完成这项工作不仅包括建一条电报线路，还包括建同样长的一条公路。此外，还包括穿越布雷顿角全岛共440英里长的线路，再加上铺设跨越圣劳伦斯海峡的电缆，整个工程十分浩大。菲尔德使尽浑身解数，总算从英国政府那里得到了资助。然而，他的方案在议会遭到了强烈的反对，在上院仅以一票多数通过。随后，菲尔德的铺设工作就开始了。电缆一头拉在停泊于塞巴斯托波尔港的英国旗舰"阿伽门农"号上，另一头放在美国海军新造的豪华护卫舰"尼亚加拉"号上相对而开。不过，就在电缆铺设到5英里的时候，突然被卷到了机器里面，被弄断了。

　　菲尔德不甘心，进行了第二次试验。在这次试验中，在铺好200英里长的时候，电流突然中断了，船上的人们在甲板上焦急地踱来踱去，好像死神就要降临一样。就在菲尔德先生即将命令割断电缆放弃这次试验时，电流突然又神奇地出现，一如它神奇地消失一样。漆黑的夜里，船以每小时4英里的速度缓缓航行，电缆的铺设也以每小时4英里的速度进行着。这时，轮船突然发生了一次严重倾斜，制动器紧急制动，不巧又拉断了电缆。

　　菲尔德并不是一个容易放弃的人。他又订购了700英里的电缆，而且还聘请了一个专家，请他设计一台更好的机器，以完成这么长的铺设任务。后来，英美两国的技术专家联手才把机器赶制出来。最终，两艘军舰在大西洋上会合了，电缆也接上了头。随后，两艘船继续航行，一艘驶向爱尔兰，另一艘驶向纽芬兰，结果它们都把电线用完了。两船分开不到 3 英里，电缆又断开了。待再次接上后，两船继续航行，到了相隔 8 英里的时候，电流又没有了。电缆第三次接上后，铺了 200 英里，在距离"阿伽门农"号 20 英尺处又断开了，两艘船最后不得不返回到爱尔兰海岸。

参与此事的很多人一个个都泄了气，公众舆论也对此流露出怀疑的态度，投资者对这一项目也失去了信心，不愿再投资。这时候，如果不是菲尔德先生百折不挠的精神，不是他天才的说服力，这一项目很可能就此放弃了。而菲尔德抱着必胜的信心继续为此日夜操劳，甚至到了废寝忘食的地步，他绝不甘心失败。

于是，第三次尝试又开始了，这次总算一切顺利，全部电缆铺设完毕而没有任何中断，几条消息也通过这条漫长的海底电缆发送了出去，一切似乎就要大功告成了，但突然电流又中断了。这时候，除了菲尔德和一两个朋友外，几乎没有人不感到绝望的。但他们始终抱有信心，正是由于这种坚持不懈的毅力，他们最终又找到了投资人，开始了新的一次尝试。他们买来了质量更好的电缆，这次执行铺设任务的是"大东方"号，它缓缓驶向大洋，一路把电缆铺设了下去。一切都很顺利，但最后在铺设横跨纽芬兰 600 英里电缆线路时，电缆突然又折断了，掉入了海底。他们打捞了几次，但都没有成功。于是，这项工作就耽搁了下来，而且一搁就是一年。

菲尔德没有被这一切困难所吓倒。他又组建一个新的公司，继续从事这项工作，而且制造出了一种性能远超普通电缆的新型电缆。1866 年 7 月 13 日，新一次试验又开始了，并顺利接通，发出了第一份横跨大西洋的电报！电报内容是："7 月 27 日。我们晚上 9 点到达目的地，一切顺利。感谢上帝！电缆都铺好了，运行完全正常。希拉斯·菲尔德。"

　　不久以后，原先那条落入海底的电缆又被打捞上来了，重新接上，一直连到纽芬兰。现在，这两条电缆线路仍然在使用，而且再用几十年也不成问题。

## 人生的舵要靠自己掌

伊索寓言有一则讲的是：父子二人赶驴到市集去，途中听人说"看看那两个傻瓜——他们本可以舒舒服服地骑驴，却自己走路。"老头子觉得这主意不错，便和儿子骑驴而行。不久，又遇到一些人，其中一个人说"看看那两个懒骨头，把可怜的驴背都快压坏了，没有人会买它。"老头子和儿子商量了一下，便决定用另一种方式前进。他们绑着驴的四足倒挂在扁担上抬着走。临近黄昏时，两个来到市镇附近一座桥边，累得直喘气。过桥时愤怒的驴子挣脱束缚，坠落河中淹死了。

这则已流传2500多年的寓言提醒世人，遇事都必须学会有主见，掌握自己的命运。伊索寓言告诫我们："你无法讨好每一个人。"但是你能了解自己、把握自己，这是不变的真理。

怎样才能有自知之明？不要一开始就坐下来批评自己。不要担心你比别人好或坏，而要设法了解自己到底是怎样的人。以下几个问题可以用来帮助你更清楚地找出答案，即使显露出来的形象令你不快，也不要失望。

（1）你认为生命中什么东西最重要？什么事物令你兴奋？上一次令你激动的事发生在什么时候？以前几次又是在何时发生的？这些答案是令你了解自我的有力线索。假如你回答说很少会感到兴奋，便要仔细想想了。

（2）你怎样排遣闲暇的时间？有没有令你感兴趣的爱好？有的话，你也许找到了揭露自己秘密的线索。可如果你本来一有空就睡觉、遐想或看电视，而现在却在阅读可能改变你生命的文章，那就是个很好的现象。消极地沉迷幻想，可能表示你真正喜欢做的事，主要是存在你的幻想中。

（3）你对工作有什么感想？你喜欢工作或学校生活的哪一部分？你得到了什么满足？无论做什么事，能不能找出其中的含义和乐趣，可以衡量出你的创作力和适应力。要是你能为一样工作哪怕不是你喜欢的工作做得好而高兴，那你就有了幸福和成功的基础。

另一方面，如果你总是在做不喜欢但迫于生活而非做不可的事情，你就造成了双重负担。我们经常有棘手或苦恼的事不能不办。要是你只凭着自己的兴趣，那你就失去了设法使工作做得更容易、更迅速而且更有趣的机会。

（4）你能面对现实吗？我们知道世人多半都是凡夫俗子，而圣人犹如凤毛麟角，这是聊以自慰的事实之一。也许你一直深信不疑的事并不是真实的，你可能犯了错误，这一点你可以接受吗？面对现实，是把生命中的错误和误解加以强调或夸大，还是不论好坏都要接受？

（5）你愿意改变吗？画家会偶尔退后几步欣赏他的作品，看看怎样使它更完美、更有深度。有创造力的人同样也会不时"退后几步"检讨反省一下自己，看看有什么地方可能需要改进。虽然有些方面是天生的改变不了的，但你不必把自己看成预先包装好的"制成品"。你在人生旅途中会不断得到新的知识，使你进一步审视自己。事实上，完全依照自己认为恰当的方式去改变自己，即使不是你的义务，也是你的权利。

（6）你能听到自己的心声吗？像许多人一样，你也许认为只有从别处听到或读到的东西才是最重要的，而只听从自己的主意无疑是放纵自己。假如你这样想，就是在欺骗自己。你自己的思想和意识，可以在你一生中最重要的时刻起着关键的作用。如果你坚定不移地面对一些令你困扰的情绪，便能使这种情绪得到缓和，能够控制。事实上，反应可能是一个信号，告诉你将会有新挑战或新机会。

例如：一个40岁的男子坦白地告诉朋友，说他一直希望做医生，可是怕自己年纪太大："6年后，我就超过44岁了。"朋友答得很中肯："即使你不去读医科，4年后你也是44岁啊！"

你一旦能客观地认识自己，一旦能认为自己有能力掌握自己，就会开始看到以前从未发现的机会和潜力，你就会有勇气运用和发挥出自己从来不知道的力量和创造力。歌德在一首诗中，把这个意思表达得很美：

无论你会做什么，或幻想你会做什么，立刻做吧。

勇气含有天才、力量和魔力。

现在就开始做吧！

# 成为逆境的主导者

　　顺境固然好，它可以让你毫不费力地到达自己理想的彼岸。但如果一个人处于逆境之中怎么办？其实，只有秉着信念之灯继续前行，我们才能真正到达阳光地带，到达我们的目的地。正如大多数成功者所坚信的那样："我知道我不是逆境的牺牲者，而是逆境的主人。"

　　克莱恩是古希腊的一个奴隶。在他生活的那个时代，奴隶只是主人的一种劳动工具。法律规定除了自由人之外，像他这样的人不准从事和追求艺术，否则就要被宣判死刑。然而作为奴隶的克莱恩却没有被这不公正的法律所吓倒，他以狂热的心态执着地追求崇拜着艺术和神圣的美，并决心要让自己的雕塑作品在某一天得到伟大的雕塑大师菲迪亚斯的肯定。于是在深爱他的姐姐的帮助下，他把自己的工作放了屋子里的地下室进行。姐姐为他准备了两盏油灯和足够的食物。地窖里阴暗、潮湿、缺乏氧气，但是为了自己心中的艺术，克莱恩什么样的困难都能克服。

　　时隔不久，所有的希腊人都被邀请到雅典参观一个艺术品的展览。这次展览在当地的大市场上举行，由雅典国王伯利克里亲自主持。在他的旁边，站着他所宠爱的阿斯帕齐娅以及雕刻家菲迪亚斯、哲学家苏格拉底、悲剧诗人索福克勒斯以及其他许许多多的知名人士。

　　几乎所有伟大的艺术巨匠的作品都被陈列于此。但是，在琳琅满目、美不胜收和艺术珍品中，有一组作品显得尤为出类拔萃、卓尔不群——它们是那么的精美绝伦，仿佛就是阿波罗本人凿刻出来的。这组作品成了人们瞩目的中心。所有人都在其摄人魂魄的艺术之美前心旷神怡、赞叹不已，就连那些参与竞争的艺术家们也一个个心悦诚服地甘拜下风。

"谁是这组作品的雕刻者？"没有人知道答案。传令官重复了这个问题，人群中还是寂静无声。"那么，这就是一个谜。难道它们会是一个奴隶的作品吗？"

人群中突然出现了一阵很大的骚动，一个清纯美丽的少女被拖到了大市场里。她衣裳凌乱、头发蓬松、双唇紧闭，大大的眸子里充满坚毅的神色。"这个女人！"当地的行政官声嘶力竭地喊道："这个女人知道雕刻者的底细。我们确信这一点，但是她死活都不肯说出雕刻者的名字。"

姐姐克莉恩受到了严厉的盘问，但是她的回答只是沉默。她被告知了自己的行为应当受到的惩罚，然而这位勇敢的姑娘还是不作一声。"那么"伯利克里说道："法律是神圣不可违背的，而我恰恰是负责执法的大臣。把这位姑娘关到地牢里去。"

当他做出这番宣判的时候，一个长着一头飞扬长发的年轻人气喘吁吁地冲到他的面前。这个年轻人尽管身材消瘦，满脸憔悴，但那黑黑的眼睛却闪烁着只有天才才有的耀眼光芒，犹如夜空中的两颗明星一样。他高声地央求道："噢，尊敬的殿下，请饶恕那个女孩吧！她是我的姐姐，我才是真正的罪魁祸首。那组雕塑出自我的双手，出自我这个奴隶的双手。"愤怒的人群打断了他的话，人们群情激昂地喊道："把他关到地牢里去，把这个奴隶关到地牢里去。"

但伯利克里站了起来威严地说道："只要我活着，就不允许这种事情发生！看一看那组雕塑吧！阿波罗以他的名义告诉我们，在希腊有某些东西要比一项不正义的法律更为重要。法律的最高目的应该是发展美的事物，扶植美的事物。如果说雅典会永远活在人们的记忆中，会名垂史册的话，那是因为它对艺术做出了巨大贡献，是这种贡献使得它永远不朽。不要把那个年轻人关到地牢里去，让他站到我的身边来。"就这样，当着会场上成千上万的公众的面，阿斯帕齐娅把拿在自己手中用橄榄枝编成的花冠戴在了克莱恩的额头上。与此同时，在人群如雷般的掌声和喝彩声中，她温柔地吻了克莱恩深情挚爱的姐姐。

在古希腊神话中，还有一个西西弗的故事。西西弗因为在天庭犯了法，被天神惩罚，降到人世间来受苦。天神对他的惩罚是：要他将一堆石头推上山。每天，西西弗都要费很大的劲把那块石头推到山顶然后回家休息。可在他休息时，石头又会自动滚落下来。于是，西西弗又要把那块石头往山上推。这样，西西弗所面临的是永无止境的失败。天神要惩罚西西弗的，就是要折磨他的心灵，使他在"永无止境的失败命运"中，受苦受难。

可是，西西弗不肯认命。每次，在他推石头上山时，天神都打击他，用失败去折磨他。西西弗不肯在成功和失败的圈套中被困住，他在面对绝对注定的失败时，表现出明知失败也绝不屈服的抗争意志。天神因为无法再惩罚西西弗，就放他回到了天庭。

西西弗的命运可以解释我们一生中所遭遇的许多事情，其中最关键的是：生活中的困难都是有"奴性"的，如果我们凭自己的努力战胜了它，我们便成为它的主人，否则我们将永远是它的奴隶。

在一次记者招待会上，一名记者问美国副总统威尔逊贫穷是什么滋味时，这位副总统向我们讲述了一段他自己的故事："我在 10 岁时就离开了家，当了 11 年的学徒工，每年可以接受一个月的学校教育。最后，在 11 年的艰辛工作之后，我得到了 1 头牛和 6 只绵羊作为报酬。我把它们换成了 84 美元。从出生一直到 21 岁那年为止，我从来没有在娱乐上花过一美元，每美分都是经过精心算计的。我完全知道拖着疲惫的脚步在漫无尽头的盘山路上行走是什么样痛苦感觉，我不得不请求我的同伴们丢下我先走……在我 21 岁生日之后的第一个月，我带着一队人马进入了人迹罕至的大森林，去采伐那里的大圆木。每天，我都是在天际的第一抹曙光出现之前起床，然后就一直辛勤地工作到星星探出头来为止。在一个月夜以继日的辛劳努力之后，我获得了 6 美元的报酬。当时在我看来这可真是一个大数目啊，每美元在我眼里都跟今天晚上那又大又圆、银光四溢的月亮一样。"

在这样的穷途困境中，威尔逊先生下决心不让任何一个发展自己、提升自我的机会溜走。很少有人能像他一样深刻地理解闲暇时光的价值。他像抓住黄金一样紧紧地抓住了零星的时间，不让一分一秒无所作为地从指缝间流走。在他 21 岁之前，他已经设法读了 1000 本好书。想一想看，对一个农场里长大的孩子，这是多么艰巨的任务啊！

要想真正地战胜逆境，就必须对自己说："我知道我不是逆境的牺牲者，而是它们的主人。"

## 逆境中学会耐心等待

在逆境之中，学会耐心地等待时机是非常重要的。

战国时，安陵君是楚王的宠臣。有一天，江乙对安陵君说："您没有一点土地，宫中又没有骨肉至亲。然而身居高位，接受优厚的俸禄。国人见了您无不整衣下拜，无人不愿接受您的指令为您效劳，这是为什么呢？"

安陵君说："这不过是大王过高地抬举我罢了。不然哪能这样。"

江乙便说："用钱财相交的朋友，钱财一旦用尽，交情也就断绝；靠美色交结的朋友，色衰则情移。得宠的臣子不等车子坐坏，已被驱逐。如今您掌握楚国大权，却没有办法和大王深交，我暗自替您着急，觉得您处于危险之中。"

安陵君一听，恍如大梦初醒，方知自己其实正处于一个非常危险的境地。他恭恭敬敬地拜请江乙："既然这样，请先生指点迷津。"

"希望您一定要找个机会对大王说，愿随大王一起死，以身为大王殉葬。如果您这样说了，必能长久地保住权位。"安陵君说："我谨依先生之见。"

但是又过了三年，安陵君依然没对楚王提起这句话。江乙为此又去见安陵君："我对您说的那些话，至今您也不去说，既然您不用我的计谋，我就不敢再见您的面了。"言罢就要告辞。安陵君急忙挽留，说："我怎敢忘却先生教诲，只是一时还没有合适的机会。"

又过了几个月，时机终于来临了。这时候楚王到云梦去打猎，1000多辆奔驰的马车连接不断，旌旗蔽日，野火如霞，声威十分壮观。这时一条狂怒的野牛顺着车轮的轨迹跑过来，楚王拉弓射箭，一箭正中牛头，把野牛射死。百官和护卫欢声雷动，齐声称赞。楚王抽出带牦牛尾的旗帜，用旗杆按住牛头，仰天大笑道："痛快啊！今天的游猎，寡人何等快活！待我万岁千秋以后，你们谁能和我共有今天的快乐呢？"这时安陵君泪流满面地上前来说："我进宫后就与大王共席共座，到外面我就陪伴大王乘车。如果大王万岁千秋之后，我希望随大王奔赴黄泉，变做褥草为大王阻挡蝼蚁，哪有比这种快乐更宽慰的事情呢？"楚王闻听此言，深受感动，正式设坛封他为安陵君，安陵君自此更得楚王宠信。后来人们听到这事都说："江乙可说是善于谋划，安陵君可说是善于等待时机。"

等待时机的来临需要充分的耐心。这个过程也是积极准备、待条件成熟的过程，等待时机决不等于坐视不动。《淮南子·道应》云："事者应变而动，变生于时，故知时者无常行。"

尽管江乙眼光锐利，料事如神，毕竟事情的发展不会像人们设想的那样顺利和平静。而安陵君过人之处在于他有充分的耐心，等候楚王欣喜而又伤感的那个时刻，安陵君的表白无疑是雪中送炭，温暖君心。因此也改变了险境，保住了长久的宠臣地位和荣华富贵。

# 不要坐等机遇，要会抓住机遇

人生中的逆境，不过是漫长人生中的几道曲折，几个漩涡。要善于在逆境中逆流而上，开创新的天地。真正有志的人，总能在逆境中发挥自己的才能，锤炼自己的意志品质，在逆境中抓牢机会，从而改写自己的命运。

董必武先生曾写过一首诗：

生活从来是斗争，认真体验便分明。

庸夫总欲平平过，实境偏偏曲曲程。

身处逆境中的人，应以此互勉。只要你有一颗执着之心，逆境在你的眼里，也会成为一种机会。

失败者谈起别人获得的成功，总会愤愤不平地说："人家那是凭运气。""他赶上了好机会、好地方。"他们不主动采取行动，总是等待着"有一天"他们会走运。他们把成功看作是降临在"幸运儿"头上的偶然事情。失败者认为成功者的命运是一帆风顺，而自己的命运则全是老天不长眼。所以，如果幸运女神不肯照顾，他们除了怨天尤人外，还能做什么呢？

这些人年复一年地按照他们那种失败者的生活模式过日子，却不知道他们自己的遭遇恰恰是因为自己自暴自弃造成的。他们看不到自己在失败当中应负的责任，于是便责怪自己的配偶、责怪一起做生意的伙伴、责怪运气不好、责怪经济不景气……他们每天谈论所有的人"如何亏待了他们，如何对他们不公"。

成功者没有时间怨天尤人，他们耽误不起这些时间。他们忙于解决问题，忙于勤奋工作，忙于把各项事情做好，忙于如何生气勃勃和乐观地对待一切。只有这样，才能得到幸运和机会的垂青。

美国花旗银行前董事会主席兼 CEO 桑迪·威尔曾在 2000 年被美国《首席执行官》杂志评为"年度最佳 CEO"。在他的职业生涯中，实施了一系列堪称经典的企业并购，并曾为公司股东创造了 2600％的投资回报率。

桑迪·威尔能够取得如此成就，并非具有企业家天赋，而是他能够抓住机遇。上大学时，桑迪·威尔的职业目标是工程师。毕业时，他又想做飞行员。但最终因为他觉得自己不适合而放弃。1955 年，桑迪·威尔机缘巧合的进入一家证券经纪公司，做着一份月薪 150 美元的后勤工作。

5 年后，桑迪·威尔逐渐熟悉了金融服务业，用借来的 30 万美元，他和 3 个同伴在华尔街 37 号开启了创业之旅。虽然华尔街波诡云谲，但桑迪·威尔不惧变化，一直自信满满。他坚信变化就是机遇，做别人不看好的事是比较聪明的方式，可以从中获得更多价值。

凭借着对变化的良好把握，他的公司一直在不断地壮大。20 世纪 60 年代，桑迪·威尔窥探到即将到来的股市风波。为了使公司具有良好的资本来源和稳定的财务结构，桑迪·威尔放弃了流行的公司合伙制，取之以公共持股模式。在历经一系列的变革扩张后，1970 年，桑迪·威尔的公司吞购了美国证券业最大的公司之一海登斯通，之后又进行了一系列大手笔收购，使公司成为当时美国最大的证券公司之一。

桑迪·威尔能够创造商业奇迹的一个重要因素是能够先机而动，勇于改变。在一次接受记者采访时桑迪·威尔说："人不可能坐等生命中的一切，必须主动去争取。"如果将创业比喻为一段探险旅程，那些粉身碎骨的创业者们，大多没有跟上波诡云谲的时代变幻，拒绝改变终被淘汰。而桑迪·威尔在变化的路口，向机会转了一个身，所以他成功了。

# 第二章　靠智慧冲出逆境

　　拿破仑·希尔在研究成功学时发现，成功是一种思考的积累。不论何种行业，想达到最高境界，通常都需要漫长的时间和精心的规划，通常都要越过无数的坎坷与困境。

　　我们在做事、思考时，最大的盲点在于没有逻辑思维的习惯。经常是该做的事没做，不该做的事乱做一通，根本不知什么是轻重缓急。只要养成遇事勤思考的习惯，行动前先行规划，就可以运用事前的"四两"去拨事中的"千斤"。反之，事前的疏忽，事后可能用"千斤万两"也难以弥补。

# 如何理性思考 4 个核心

有理性的思考源自精神的正确使用。对于身处逆境中的人来说，最需要的是能够让头脑做出最大限度的运转，借着正确的判断做出高明的决定。

每一位成功者都具有理性的思考或有条理的思想诀窍。但这并不表示他们讲话的技巧或方式高人一筹，而是有更为根本的东西存在，也就是说他们掌握了理性的思考诀窍。理性的思考源自知识的积累和正确应用，具有这种思维技巧的人，能让他的大脑最大限度地运转，并得到理想的结果。

一个人若想突破逆境，就必须学会正确理性思考。

首先，思想有条理的人，通常能正确判断，做出更高明的决定。例如在一个复杂的问题面前，你若能排除无关的事物，直捣问题的核心，你就更有可能解决问题。

其次，一个思想有条理的人，能以简明的方法促使别人更了解自己。不论是什么样的机遇，一旦到了需要展现自己才能的时候，他们必能思路清晰、言简意赅地传达给大家，并能很快地付之于行动，因此也必然会获得良好的效果。尤其在现代的社会竞争力下，能有效地表达自己意念的人，成功的机会一定更多。

每个人都有可能把自己训练成为一名理性的思考者。虽然学会正确思考的过程是相当复杂的，但它基本上可分成四个阶段。若能仔细研究这些步骤，判断力必能获得相当的改善。拿破仑·希尔所提出的四个理性思考步骤颇为值得我们思考。

1. 找出问题核心

开始时必须了解造成逆境的问题所在，否则必定无法深入问题的核心。有些人常常在定势思维的老路子上徘徊，做不了决定，原因就是没有找到问题的症结所在。犹如一道简单的数学题，如果不了解题目类型和解题方法，就无法解题。

一个简单的例子，如果有人因为靴子磨脚，不去找鞋匠而去看医生，这就是不会处理问题，没有找到问题的关键所在。从这里我们就可以理解，为什么去掉枝节、直捣核心是最重要的步骤了，否则，问题的本身和影子会扭成一团而理不清楚。有了问题时，就该想想这个例子，一定要把握住问题的核心。能够找出问题的核心，并简洁地归纳总结出来，逆境就已解决一大半了。

2. 分析全部事实

在了解到真正的问题核心后，就要设法收集相关的资料和信息，然后进行深入的研究和比较。应该有科学家搞科研那样谨慎的态度。解决问题必须采用科学的方法，做判断或做决定都必须以事实为基础。同时，从各个角度来分析辨明事理也是必不可少的。

例如，现在有一个简单的问题，为解决这个问题就在备忘录上列出两栏，一栏分别列出每一种解决方案的好处，另一栏列出各种方案的弊端，同时把与解决问题相关的事项全部记入。之后，就可以比较利害得失，作出正确的判断。

一旦有关资料都齐备后，要做出正确的决定就容易多了。收集相关资料数据，对于理性思考的产生是非常重要的。

3. 谨慎做出决定

在做完比较和判断之后，很多人往往马上就能做出结论。其实，下结论不必过早，试着以一天的时间把它丢在一边，暂时忘掉。也就是说，在对各项事实做好评估之后，不妨把它交给自己的潜意识去处理。让这位"善于解决问题的老手"帮助自己做出最后的决定。或许，新的判断或决定就会浮上心头。等重新面对问题时，答案已出现了。

这时，还是不要立即准备付诸行动。请冷静一下，现在应该考虑做个检验，由于经验的关系，潜意识所做的判断还无法做到天衣无缝的地步。

4. 小型试验在先

一套思考方案在付诸实施之前，必须先做小型试验，以求从实践中检验出自己的思考正确与否。不妨先对一两个人或两三种情况做试验，这样就能了解想法和事实有无出入。如有不符之处，要立刻修正。

做到这个地步，基本就算妥当了。经过以上的步骤，事实的评价、拟定计划、小型试验等，然后就可导入最后的决定。在这样一个经过认真思考、分析做出决定并对其进行检验的过程中就形成了一次有条理的思考过程。

# 专注地思考问题

因为有些人常常懒于思考，或者说没有进行有突破性的思考，这就叫惰性思考。一个要试图突破逆境的人，在这一点上头脑应该非常清醒，拒绝惰性思考。

世上有很多人常常认为自己很缺乏思考能力。这些人到底为什么会这般讨厌思考呢？

我们讨厌思考，不喜欢做决定的理由之一，就是因为我们必须聚精会神地关注在如何解决问题上。而解决问题就要涉及方方面面的关系和因素，这对一般人来讲，是一件很"累"的事，因为它就像调动千军万马一样复杂。

在做判断时，我们会将眼前的问题全部集中起来，但这却往往是一个阻碍分析判断的绊脚石，其原因是我们的注意力很容易分散，飘移不定。一个人注意力的范围，事实上比我们所想象的要小得多。美国心理学家威廉阿姆·杰姆斯对于"注意力"就曾提出如下诠释："一般人的注意力并不是自发性的，仅仅能够维持片刻。而真正的注意力是自发性的且能够持续不断，这是一种反复不停在问题上唤起心灵的连续性努力。"

注意力就好像一只被锁链套住的小狗，很容易为新奇事物分散精力。我们要将心思集中在解决问题的核心上确实相当的困难，大多数人在顷刻间便让注意力飞离了问题的核心。

当我们在做判断时，整个心思必须停留在特定的问题上。当然你也必须了解，事实上一个人的心思无法完全做到集中在整个问题上，所以我们的思考过程经常容易受到外界的影响。因此，我们在思考某一问题时，应该将相关因素全部写出。

当我们拿出纸笔之际，应该能全面了解正在进行的事态。我们之所以对自己该决定的问题而未能作出决定的理由之一，就是深恐一旦实行了自己所作的决定会惨遭失败。这个恐惧心理正是让我们迟疑不决的重要因素。一旦拿起笔纸，正视事情的存在，我们这种畏惧的心理就会自然消失。当我们消除了畏惧之后，对于自己的决定也就不再存在疑惑了。

现实的恐怖，并不如想象的恐怖来得可怕。面对恐怖，越是了解其真面目，就越不会感觉它的恐怖之处。要如何决定才是正确的呢？如果连自己也不知道的话，不妨试着将可以衡量的相关因素全部写出来。以一位准备"跳槽"的先生为例，将各种相关因素全部列出：

· 如果转任新职的话，每年可增加 1 万元的收入。

· 但我在原公司工作 10 年的资历势必牺牲。

· 我的年终奖金恐怕也就没了。

· 新公司的工作环境较好。

· 新公司的工作感觉较辛苦。

· 现在我的工作能力已到了目前薪水的界限。

· 我已 40 岁了，并不想去冒很大的风险。

· 我不想碰运气。

· 我喜欢认真工作的人，对于新公司的人际关系我并不是很了解。

· 新公司是成长性更为久远的公司。

将这些必须考虑的因素列出来，比其他任何方法更能帮助你作出明智的决定。这个技巧的确可以提供给你一个思考和判断的新基础。

只凭着空想而期望正确的思考结果是非常困难的，但只要将解决问题的想法写在纸上，便会很容易集中精神作出正确的思考。

因此，我们应将注意力集中于第一目标上。在第一目标找出之后，应清楚地写在一张明信片大小的纸上，然后把它贴在自己容易看见的地方，比如洗脸台旁、梳妆台镜子上等，甚至每天在睡觉前或起床后，便对它大声念一遍。也可利用脑中有空闲的时候，来思考如何解决这件事情，并常常想象自己成功时的情景以鼓励自己。

如此持续一段时间之后，相信你会愈来愈感觉到自己正在走向目标的途中。但必须注意，这种方法肯定需要经过一段时间后才会显出它的效果和成绩，如果只做一两天，是不可能起到什么效果的。此外，必须以积极的态度从事这种强化欲望强度的方法，否则就没有意义了，而且任何一丝消极的意念都有可能前功尽弃。若想经常维护强烈的欲望，信心是不可或缺的灵丹妙药。但灵丹妙药服下之后，还是需要一段时间才能遍布全身。

经过一段时间之后，通过你的思考，卡片上的文字逐渐产生了变化——原本困难的问题已经有了清晰的解决问题的思路，这便奠定了你冲破人生逆境的基础。

# 时刻保持清醒的头脑

究竟怎样才能有效地发挥自己的强项并冲破人生逆境呢？这就需要你面对各种复杂的问题，做到头脑清晰，正确选择。

在任何环境、任何情境之下，都要保持一个清醒的头脑，要保持正确的判断力。在别人失去镇静、手足无措时，你仍保持着清醒镇静。在旁人做着可笑的事情时，你仍然保持着正确的判断力，能够这样做的人才是真正的杰出人才。

一个一遇到意外便手足无措易于慌乱的人，必定是个思考尚未成熟的人，这种人不足以交付重任。只有遇到意外情况镇静不慌处变不惊的人，才能担当起大事。

在很多机构中，常见某些能力平平、业绩也不出众的职员，却担任着重要的职位，他的同事们便感到惊异。但他们不知道，领导在选择重要职位的人选时，并不只是考虑职员的才能，更要考虑到头脑的清晰、性情敦厚和判断力的健全。他深知，自己企业的稳步发展，全赖于职员的办事镇定具有良好的判断能力。

一个头脑镇静的伟大人物，不会因境地的改变而有所动摇。经济上的损失、事业上的失败、环境的艰难都不能使他失去常态，因为他是头脑镇静、信仰坚定的人。同样，事业上的繁荣与成功，也不会使他骄傲轻狂，因为他安身立命的基础是牢靠的。

在任何情况下，做事之前都应该有所准备，要脚踏实地、未雨绸缪，否则一旦困难临头就会慌乱起来。当大家都慌乱，而你能保持镇定时，你就具有了很大的优势。在整个社会中，只有那些处事镇定，无论遇到什么风浪都不慌乱的人，才能成就大事。而那些情绪不稳、时常动摇、缺乏自信、危机一到便掉头就走、一遇困难就失去主意的人，一辈子只能过着庸庸碌碌的生活。

海洋中的冰山，在任何情形之下都不为狂暴风浪所倾覆，是我们应该学习的绝好榜样。无论风浪多么狂暴，波涛多么汹涌，那矗立在海洋中的冰山，仍然能岿然不动，好像从来没有被风浪撞击一样。这是为什么呢？原来冰山庞大体积的7/8都隐藏在海面之下，稳当、坚实地扎在海水中，这样就无法被水面上汹涌的撞击力所撼动。冰山在水底有巨大的体积，当狂暴的风浪去撞击水面上的冰山一角时冰山丝毫不动那也就不足为奇了。

一个人平稳与镇静的表现是其思想修养和谐发展的结果。一个思想偏激、头脑片面的人，即使在某个方面有着特殊的才能，也总不如和谐的思想修养更全面。头脑的片面发展，犹如一棵树的养料全部被某一侧枝条吸去，那根枝条固然发育得很好，但树的其余部分却萎缩了。

许多才华横溢的人也曾做出种种不可理喻的事情来，这可能是因为其判断力较差，缺乏和谐平稳思想修养的缘故，而这都妨碍了他们一生的前程。一个人一旦有了头脑不清楚、判断力不健全的败名，往往一生的事业都没有进展，因为他无法赢得其他人的信任。

如果你想做个能得到他人信任的人，要让别人认为你的头脑清晰，判断准确，那么你一定要努力做到件件小事都冷静对待，处理得当。有些人做事时，尤其是做一些琐碎的小事往往敷衍了事，本来完全可以做得好些，可是他们却随随便便，这样无异于减少他们成为冷静处事人物的可能性。还有些人一旦遇到了困难，往往不加以周密的判断，而是只图方便草率了事，使困难不能得到圆满的解决。

　　如果你能常常迫使自己去做你认为应该做的事情，而且竭尽全力去做，不受制于自己贪图安逸的惰性，那么你的品格与判断力必定会大大地提高。而你自然也会为人们所承认，成为被人们称为"头脑清晰、判断准确"的人。

# 凡事三思而行

人对事物的认识总会受时间、空间的局限。而我们面对的是变化的、运动着的世界，因此我们经常会遇到因考虑不周、鲁莽行动而造成损失的情况，所以我们遇事要"三思而后行"。要知道，许多矛盾和问题的产生都是冲动、未经深思熟虑的结果。

冲动情绪往往是由于对事物及其利弊关系缺乏周密思考引起的，在遇到与自己的主观意向发生冲突的事情时，若能先冷静地想一想，不仓促行事，就冲动不起来了，事情的结果也就大不一样了。

石达开是太平天国首批"封王"中最年轻的军事将领，在太平天国金田起义之后向金陵进军的途中，石达开均为开路先锋，他逢山开路，遇水搭桥，攻城夺镇，所向披靡，号称"石敢当"。太平天国建都天京后，他同杨秀清、韦昌辉等同为洪秀全的重要辅臣。后来又在西征战场上大败湘军，迫使曾国藩又气又羞又急，欲投水寻死。在"天京事变"中，他又支持洪秀全平定韦昌辉的叛乱，成为洪秀全的首辅大臣。但是就在这之后不久，石达开却独自率领 20 万大军出走天京与洪秀全分手，最后在大渡河全军覆灭，他本人亦惨遭清军骆秉章凌迟。石达开出走和失败的历史是鲁莽行动的体现，足以使后人深思。

1857 年 6 月 2 日，石达开率部由天京雨花台向安庆进军，出走的原因据石达开的布告中说因"圣君"不明，即责怪洪秀全用频繁的诏旨来牵制他的行动，并对他"重重生疑虑"，以致发展到有加害石达开之意，这就使二人之间的矛盾白热化了。

　　而当时要解决这一日益尖锐的矛盾有三种办法可行：一种办法是石达开委曲求全，这在当时已不可能，心胸狭窄的洪秀全已不能宽容石达开；一种是急流勇退，解印弃官来消除洪秀全对他的疑惑，这也很难，当时形势已近水火，如石达开真要解职的话恐怕连性命都难保；第三种是诛洪自代。谋士张遂谋曾经提醒石达开吸取刘邦诛韩信的教训，面对险境，应该推翻洪秀全的统治，自立为王。按当时的实际情况看，第三种办法应该是较好的出路，因为形势的发展实际上已摒弃了像洪秀全那样相形见绌的领袖，需要一个像石达开那样的新的领袖来维系。但是，石达开的弱点就是中国传统的"忠君思想"。他讲仁慈、信义，他对谋士的回答是"予唯知效忠天王，守其臣节"。因此，石达开认为率部出走是其最佳方案。这样既可打着太平天国的旗号，进行从事推翻清朝的活动，又可避开和洪秀全的矛盾。而石达开率大军到安庆后如果按照原来"分而不裂"的初衷，本可以此作为根据地，向周围扩充。安庆离南京不远，还可以互为声援，减轻清军对天京的压力，又不会失去石达开原在天京军民心目中的地位，这是石达开完全可以做到的。但是，石达开却没有这样做，而是决心和洪秀全分道扬镳，彻底分裂，舍近而求远，独去四川自立门户。

　　1863 年 6 月 11 日，石达开部被清军围困在利济堡，石达开决定用自己一人的生命换取部队的安全，这又是他的决策失误。当石军中部属知道主帅"决降，多自溃败"时，已溃不成军了。此时，清军又采取措施，把石达开及其部属押送过河，而把他和2000 多解甲的战士分开。这一举动，顿使石达开猛醒过来，他意识到诈降计拙，暗自悔恨。

　　回顾石达开的失败，主要是个人决策的失误，他自不量力的行动，决定了他出走后不可能有什么大的作为。

当我们在做决定时，常会"自不量力"地做一些吃力不讨好，甚至"赔了夫人又折兵"的事情。因此在面临做出决定时，首先应先问问自己做这个决定到底是为什么？有什么目的？如果做此决定会产生何种后果？这样能促使你三思而后行，避免冲动。

其次，要锻炼自制力，尽力做到处变不惊、宽以待人。不要遇到矛盾就以"兵戎相见"像个"易燃品"见火就着。倘若你是个"急性子"更应学会自我控制，遇事时要学会变"热处理"为"冷处理"，考虑过各个选项的利弊得失后再作决定。

# 如何自我反省

每个人都有一套做人的方法。一个人制定了自己的做人的方法后（或许应当说，一个人以他自己一贯的做人方法做人），一定以为自己做得十分正确，否则他便不会这样做人了。换言之，许多被公认"不会做人"的人，心里也许还以为自己会做人。没有"自知之明"是自古以来的"人之患"，学做人必须克服此患。人的一言一行，一举一动，都受自己的主观思想的影响，都以为自己做的一切都对。所以，为人处事很重要的一课是学会如何自我反省，认识自己所做的错误。只有知错才会有改过的希望。只有不断修正自己的错误行为，才更会做人。

问题是谁都懂得"发现别人的错"，却不懂得知道自己的错，因为错与不错，由自己的主观去判断。学做人，要先学会不断地检查自己的行为和检讨自己所做的错事，然后知错就改。反之，这样做也有应当小心的地方。如果常常"在心里自己认错"就会形成心理压力，对自己有压抑作用，久而久之，甚至会使自己失去信心，因此，这种心态也要避免。

若想避免这种副作用，我们应当经常在心里自省一些问题。不应该问"这件事我做错了什么？"而应该问"我如何才可以将这件事做得更好？"

后面的一句话先承认了"这事可以做得更好"，于是使自己开始思索"怎样改进"这个有益处有建设性的问题。而且自己既然可以"做得更好"，也有助于增强自信心。应当如何找出自己的行为错失和不会做人之处？编者在此提出下列四点建议：

第一，即使你做人很成功，办事多能得到理想中的收获，仍然可以每隔一段时期检讨一下自己的行为，并想出在哪些方面你可以做得更好。

即使你很成功，相信在心底里仍然知道"许多事我可以做得更好"。这种想法和后来想出的"做得更好"的方法极有助于反躬自省。

第二，做一件事而得不到心目中的结果时，应先假定那是因为自己有些地方做得不对，而不是因为"难以控制的外来因素"一味地归因于客观因素。后一种想法是不会做人者的通病。

第三，和别人交涉而发觉别人对你反应不好时，应主动想到过错可能在自己。别人讨厌你的时候，应当看看自己的行为有无不会做人之处，不应只怪别人有眼无珠。

第四，别人出言批评你，应当尝试虚心接受这些批评，然后反躬自省如何才能进一步改进。

拒绝善意的批评和忠告不是英雄气概，而是怯于面对现实，使你失去正视错误和进步的机会。

经常用上面四种方法自我检讨，你就会更加懂得做人！

# 吃一堑长一智

　　吃一堑，长一智。一败再败从中不断吸取教训，总结经验的人，又怎能不智慧过人呢？许多成功的人都曾经受过成百次上千次的失败，他们利用失败教育自己，结果成为举世闻名的人。

　　在中国有许多古语都包含了这个道理。如《老马识途》，正因为老马走过无数的路，经过无数的坎坷，它才能在每次坎坷之上留下心底的记号。下一次再在此经过，它便可以一跃而过，才能识途。

　　古代有一个故事：在一片深山老林里，有一座"神仙居"位于山顶。一天，有一个年轻人从很远的地方来求见"神仙居"居主，想拜他为师，修得正果。年轻人进了深山老林走了很久。他犯难了，路的前方有三条岔路通向不同的地方。年轻人不知道哪一条山路通向山顶。忽然，年轻人看见路旁边一个老人在睡觉，于是他走上前去，叫醒老人家，询问通向山顶的路。老人睡眼蒙眬嘟哝了一句"左边"，又睡过去了。年轻人便从左边那条小路往山顶走去。走了很久，路突然消失在一片树林中，年轻人只好原路返回。回到三岔路口，那老人家还在睡觉。年轻人又上前问路。老人家舒舒服服地伸了个懒腰说："左边。"就又不理他了。年轻人正要详问，见老人家扭过头去不理他了。转念一想，也许老人家是从下山角度来讲的"左边"。于是，他又拣了右边那条路往山上走去。走啊走，走了很久，眼前的路又渐渐消失了，只有一片树林。年轻人只好原路折回。回到三岔路口，见老人家又睡过去了，不由气涌上来。他上前推了推老人家把他叫醒，便问道："老人家你一把年纪了何苦来欺我，左边的路我走了，右边的路我也走了，都不能通向山顶，到底哪条路可以去山顶？"老人家笑眯眯地回答："左边的路不通，右边的路不通，那你说哪条路通呢？这么简单的问题还用问吗？"年轻人这时才明白过来，应该走中间那条路。但他总想不明白老人家为什么总说"左边"，带着一肚子的疑惑，年轻人来到了"神仙居"。他虔诚地跪下磕头，居主笑眯眯地看着他，那神态仿佛山下三岔路口那老人家，年轻人使劲揉了揉眼睛……

你肯定猜到了那老人家就是居主变的，但这故事里包含着几个人生道理，一是，年轻人走完左边的路和右边的路之后都失败了，无疑应是中间那条路通向山顶。他连这都不明白，还要去问老人家，经老人家一点才明白过来。说明了人经过失败后，他受情绪影响，连很简单的问题都想不通，只要一转变思绪去想就很容易想出的问题却被自己弄糊涂了。二是，只有走过左边和右边的路都走不通之后，才知道这两条路都不通山顶，说明凡事要自己亲身去经历才知道可行不可行。三是，年轻人在走过右边和左边的路之后，知道走不通他就不会再第二次走那两条路了，说明人不会轻易犯同样的错误，他已经向正确的方向迈进了一步。

你想到了几点呢？不管你想到几点，至少你明白了错了之后你不会再犯同样的错，这就是失败的好处！别因为失败伤心，也不要为错误负疚。你希望成功，但事与愿违，这并非罪过。如果明知故犯，就罪无可赦了。明知是错还去做，如果不是愚蠢，便是跟正义开玩笑，是不道德的行为。不仅不值得鼓励，而且应该受到适当的警诫。心理学家认为故意犯错误的人，负疚多于满足。

然而，人非圣贤，孰能无过？只要不是存心做错，偶尔犯错事，是可以原谅，也不必受良心谴责的。无心之过，不但不会受到惩罚，还可以从过错中获得教训，从犯错的经验中，变得聪明起来。

明代绍兴名人徐渭有一副对联："读不如行，试废读，将何以行；蹶方长智，然屡蹶，讵云能智。"这副对联科学地阐述了理论与实践、失误与经验的辩证关系。上联是说实践出真知，理论指导行动。下联"蹶方长智"，"蹶"是指摔倒，不能摔倒后一蹶不振，而应"吃一堑，长一智"。有人认为"吃一堑"与"长一智"之间存在必然性，那就错了。不是吃一堑就一定能长一智，而是吃一堑有可能长一智。这种可能性要转变为必然性，必须要有一个条件，那就是要从失误中总结教训，积累经验，这样才能长智。如果错后不思量，那么同样的错误还会不断重复出现。这就是"然屡蹶，讵云能智"的精辟之处。

一个人遭受一次挫折或失败，就该接受一次教训，增长一分才智，这就是成语"吃一堑，长一智"的道理之所在。

从前，有个农夫牵了一只山羊，骑着一头驴进城去赶集。

有三个骗子知道了，想去骗他。

第一个骗子趁农夫骑在驴背上打瞌睡之际，把山羊脖子上的铃铛解下来系在驴尾巴上，把山羊牵走了。

不久，农夫偶一回头，发现山羊不见了，忙着寻找。这时第二个骗子走过来，热心地问他找什么。

农夫说山羊被人偷走了，问他看见没有。骗子随便一指，说看见一个人牵着一只山羊从林子中刚走过去，准是那个人，快去追吧！

农夫急着去追山羊，把驴子交给这位"好心人"看管。等他两手空空地回来时，驴子与"好心人"都没了踪影。

农夫伤心极了，一边走一边哭。当他来到一个水池边时，却发现一个人也坐在水池边，哭得比他还伤心。农夫挺奇怪："还有比我更倒霉的人吗？"就问那个人哭什么，那人告诉农夫，他带着两袋金币去城里买东西，在水边歇歇脚、洗把脸，却不小心把钱袋子掉水里了。农夫说，那你赶快下去捞呀！那人说自己不会游泳，如果农夫给他捞上来，愿意送给他20个金币。

农夫一听喜出望外，心想："这下子可好了，羊和驴子虽然丢了，可如果到手20个金币，损失全补回来还有富余啊！"他连忙脱光衣服跳下水捞起来。当他空着手从水里爬上来时，干粮也不见了，衣服也不见了，仅剩下的一点钱还在衣服口袋里装着呢。

这个故事告诉我们，农夫没出事时麻痹大意，出事意外后惊慌失措而造成损失，造成损失后又急于弥补因此又酿成大错。三个骗子正是抓住这些人的性格弱点，轻而易举地全部得手。

应该说，人们在工作、生活中遭受类似这样的挫折和失败是难以完全避免的，虽然"吃一堑"终归不是什么好事情，但如果吃了堑，也不长智，就是愚蠢至极了。

古人云："人非圣贤，孰能无过"，其实即使是圣人、贤人，也一定会犯有过错。不过，对于自己所犯下的过错，他们能够接受别人的批评，并且积极改正。对于别人，他们也绝不会要求他们一定不犯错。因为圣人明白，平常人的心志怯弱，要想绝对不犯错是不可能的事。若是犯了小错便不原谅他人，反而阻止其改过向上之路，这样只会使他们更加麻木和变本加厉，犯下更大的错误。圣人只希望人们了解什么是对的，什么是错的。并且提出了许许多多改过的具体方法，如知过、思过、补过、闻过则喜等。像这样循循善诱众人，使人们走向正道，真可谓苦口婆心了。古之圣人先贤，距今虽然遥远，今人若不能体会古人的用意，也真是辜负了那一份善意的心思了！

# 如何行动的三个原则

一个人要想突破逆境，假如方法不当，简直是异想天开。这就是说，找到明确行动的方法至关重要。以下几点将告诉处于逆境中的人如何做到行动正确：

## 1. 凡事讲求效率

拿破仑·希尔认为效率并不表示急速，效率是说第一次就要把事情做对。时间管理的关键之一，就是第一次就把事情做对。

千万不要粗制滥造之后再回头更改，这样只会欲速则不达。效率的改变，来自自觉。一位心理学家说："自觉是治疗的开始。"这句话实在讲得太精辟了。因为，当你不自觉的时候，谈何改善？当你不知道自己效率差的时候，又如何改进？当你不知道别人为什么效率高的时候，你又如何知道学习别人的优点呢？

永远要向那些高效率的人学习，因为他们懂得如何利用时间、如何善用资源。我们必须以最短的时间和最少的资源，获取最大的效益，这样才能确保成功。

记住，要每天思考自己做事的效率和做事的质量，这些是突破逆境不可缺少的。

## 2. "循序渐进"的原则

美国著名作家、记者埃里克·赛瓦里德说："当我放弃我的工作打算写一本 25 万字的书时，我从不让自己过多地考虑整个写作计划将会涉及的繁重劳动和巨大牺牲。我想的只是下一段，而不是下一页，更不是下一章去如何写。在整整 6 个月中，我除了一段一段地开始写作外，没想过其他方法。结果书自然写成了。""循序渐进"的原则对埃里克·赛瓦里德起了重要作用，对你也会一样。

有关戒烟最好的一种方法就是"小时戒烟"法。一个人不是通过发誓自己再也不吸烟了，而是通过下一小时不吸烟的方法而戒掉这一不良习惯。一小时到了，吸烟者只要再延续一下，从他刚才决定的有效时限，下一个小时不吸烟。一段时间过后，随着欲望的减弱，规定的时间可延长到两小时甚至一整天。最终，目的就会达到。而想一次完全戒掉烟的人只会因无法忍受心理上的痛苦而失败。

有时候，有些人看上去是一举到达顶峰的。但如果你仔细研究他们的历史和发展过程，你会发现他们已经奠定了许多牢固的成功基础。那些凭偶然机会发迹的"平步青云"没有任何牢固的基础，他们最终会像轻易地得到荣誉一样，轻易地失去一切。

一幢建筑是由一砖一瓦砌成，而一砖一瓦看上去显得并不重要。同样的道理，成功者的一生是由无数个看上去微不足道的小方面构成的。时刻牢记这样一个问题，用它去评价你做的每一件事情："这有助于我实现自己的目标吗？"如果回答是"不"，立即回头，反之则要继续向前。

3. 只有无所作为者才不会犯错误

总有人会批评和怀疑你，那些自己不愿尝试的人，老爱批评讽刺那些不顾恶劣环境而奋发向上的人。亚伯拉罕·林肯也曾被人称为"猩猩"和"丑角"，被同辈视为"共和党之耻"。

值得重视的不是批评，不是提出批评的人，而是那些真正置身于竞技场中的人，他们奋斗不已，他们的错误越来越少。那些真正勇于尝试的人才知道什么叫热心和热衷，才知道最高成就的胜利。即使他们失败，至少他们勇于尝试，他们也要比那些既无欢乐也无痛苦的人伟大，后者生活在浑浑噩噩的昏暗中，既不了解胜利，也不了解失败。

如果你要突破逆境，你就要去找到正确行动的方法，这样才能实现打造自己的目标。

# 走出人生三种逆境

对于任何一个试图突破人生逆境的人而言，最需要的是他必须重新思考自己，思考人生的"十字路口"，以免盲目行动。这个道理很简单，如同美国哈佛大学皮鲁克斯在《思考人生》一书中说："在这个世界上，每个人都会面临各种各样的十字路口，但最令人困惑的是思考的'十字路口'，不彻底明白这个问题，任何行动可能都带有盲目性"。所以我们必须要明白，有限的思考会造就有限的人生，所以在思考人生时，要努力要求自己。唯有你自己去真正思考，才能有希望找到实现目标的方法，才能突破盲目，才能突破人生逆境。

亨利·福特说："思考是最艰难的工作，这也就是为何很少有人愿意去做的原因。"对于人生逆境，并非如某些励志书上声称的："只要有勇气与决心，就没有闯不过去的关。"事实上，我们在应对逆境时，还需要尊重客观现实。在现实中，人生的逆境大致有如下三个类型：

## 1. 虚拟的逆境

有个故事说的是一群死囚在讨论自己的前途命运。如果什么也不做，只有死路一条。如果试着去越狱，虽然危险但有可能获得生的希望。最终大家都畏惧越狱的风险，选择了坐以待毙。只有一个人不甘心这样的结局，他站起来，朝着囚牢坚固的墙壁撞了过去。结果，他竟获得了自由。原来那囚牢本来就没有墙壁，大家所见的囚牢不过是自己的幻影而已。

这个故事看似荒诞，却天天发生在我们的生活之中。对自己能力的无端怀疑，对一件小事的过分专注，甚至对自己某一个想法的过分固执，都会导致我们把自己关进自己心中的"牢狱"。这是一类非常可怕的逆境，它是虚拟的，可以出现在任何时候、任何地方和任何条件下，成为我们生活中的幽灵。不过，正因为它是我们自己虚拟出来的，所以只要我们调整自己的心态，改变自己的想法，它也就会最终被消除掉，不再干扰我们的人生。

## 2. 激励性逆境

我们在跃过一道壕沟时，总是要后退两步，给自己一个鼓足劲的准备动作，然后奔跑，起跳，完成跨越。这类逆境就是起这样的作用。它告诉我们正面临着人生的一个腾飞跨越，因此必须停下来，做好充分的思想准备，调集自己全部的能量，然后蓄势而发实现一次人生飞跃。面对这样的逆境，我们所要做的就是认真地对待它，而不要惧怕它，运用我们全部的智慧去迎接它。许多伟人正是看到了这类逆境后的巨大成功，他们不遗余力地去战胜这样的逆境，并且最终赢得了人生。

## 3. 保护性逆境

由于人们思考和能力的局限性，我们常常会走上错误的歧途，这时，亮着红灯的逆境就是一种警示，使我们意识到前面的危险，回到正确的道路上去。比如，臭氧层的破坏导致大自然对人类产生了报复，从中我们意识到了生态平衡的重要意义。于是，我们开始治理环境消除污染，大力实施环保措施，以使我们能够在一个和谐的环境里健康生存。有时，身体的疾病、夫妻的不和、朋友间的疏远，也是一种这样的逆境，让我们反思自己，是不是自己在追求一种与自己真的所爱相违背的东西，是不是我们正在做着一件损人又害己的事情。对于这样的逆境，我们必须认真接受它给予我们的警示，不能一意孤行。否则，最终不仅不能成功，还会导致自己的惨败，甚至还会连累家人和朋友以及所有爱我们的人。所以，我们也可以称这一类逆境为保护性逆境。

# 第三章　逆境就是心中的牢笼

多数生活中的困难，都是我们想象的产物。

很多时候你身处顺境或是逆境，并不是别人左右的结果，而是在于你的心态是否健康。用悲伤的眼睛看世界，那么世界便暗无天日；如果你用慈爱的眼光看待这个世界，你会发现有许多事物值得我们去感动。

# 突破心灵的枷锁

不少人经历过失恋，有人会说："没什么比现在更糟糕的了。"有人被炒鱿鱼了会说："没什么比现在更糟糕的了。"甚至于不慎丢失了一个手机也会有人说："没什么比现在更糟糕的了。"事实真的是这样吗？

你现在不妨仔细想想，从小至今从你的口里或心里说过了多少次"没有什么比现在更糟糕"这句话？儿童时失手打碎了邻居家的花瓶，少年时考试未及格，青年时和初恋的爱人分手……这些类似的事情，在你当时的眼里也许都是一件件糟糕透顶的事。你为此焦虑、悲伤，甚至痛不欲生。但时过境迁之后的今天，你还会认为那些事情"糟糕透顶"吗？

如果硬要用全部精力和不可避免的事情抗争，就不可能再有精力重建新的生活。为什么汽车的轮胎能经得起长远地碾磨呢？一开始人们设计出刚性很强的抗震车胎，但用不了多久就被磨损得七零八落。后来经过研究试验制造出既有柔性又耐磨的防震车胎，这才经得住磨损。如果我们也能像这种车胎一样，那我们也会生活得稳定和长久。

## 走出逆境的三个原则

事实上，人的注意力是有限的。当你在注意一件事情的时候，你就注意不到其他事情。所以，从抑郁中摆脱出来的方法并不复杂。只要你脑海中的"电影"改变了，你不要再在脑海里放你不喜欢的电影了，而去放一部新的、喜欢的电影，就很容易改变这种情况。

让我们来看一个发生在非洲的故事。有位探险家到非洲一个尚未开发的地区去，他随身带了些小饰物要送给当地土著，礼物当中还包括了两面能照全身的镜子。探险家把这两面镜子分别靠在两棵树旁，然后席地而坐，与随行的人商议探险的事。这时，有个土著手持长矛走了过来，他望见镜子，并从中看到了他自己的影子，他立刻对着镜里的影子刺了过去，就像那是个真人一样，他发动各种攻势要置镜中人于死地，当然，镜子当场粉碎。

这时，探险者走了过来，问他为什么要打破镜子？土著答道："他要杀我，我就先杀死他。"探险家告诉他镜子不是这么用的，说着把土著人带到另一面镜子前，示范道："你看，镜子这个东西可以用来看看头发有没有梳整齐，看看脸上的油彩涂得好不好，看看自己的身体有多么魁梧强壮！"土著人惊叹道："哇，我不知道。"

成千上万的人也正像那个土著人一样。他们终其一生都与自己的生命为敌，认为无处不是艰苦的奋战，结果弄得痛苦不堪。他们总是疑心有人与自己为敌，结果真的有；他们总是预期生活中有解决不完的问题，结果也真如其所料。所谓"人无远虑，必有近忧""困难永远存在"，说的就是这个道理。

这种认识由来已久，而许许多多还没认清自己"能力"的人也将继续因循下去。这种能使世界完全改观的力量就像未出土的钻石一样，将永远深藏在地底。而多数人仍将过着平庸甚至可悲的日子，因为他们错失了这股力量，也一直未能及时再次把握它。

英国作家萨克雷有句名言："生活是一面镜子，你对它笑，它就对你笑；你对它哭，它也对你哭。"确实，不管你的生活中有什么不幸和挫折，你都应以欢悦的态度微笑着对待生活。

下面介绍几条原则，只要你反复地认真实行，就能减轻或者消除你处在逆境时的烦恼：

1. 不要把眼睛总盯在"伤口"上

如果某些烦恼的事已经发生，你就应正视它，并努力寻找解决的办法。如果这件事已经过去，那就抛弃它，不要把它留在记忆里。尤其是别人对你不友好的态度，千万不要念念不忘，更不要说："我总是被人曲解和欺负。"当然，有些不顺心的事，适当地向亲人或朋友吐露，可以减轻烦恼造成的压力，这样你的心情也许会好受一些。

2. 要朝好的方向想

有时，人们变得焦躁不安是由于碰到自己所无法控制的局面。此时，你应承认现实，然后设法创造条件，使之向着有利的方向转化。此外，还可以把思路转向别的什么事上，诸如回忆一段令人愉快的往事，让它驱散心中的烦恼。

3. 放弃不切合实际的幻想

做事情总要按实际情况循序渐进，不要总想一口吃个胖子。

有人一生都在为金钱、权力、荣誉奋斗，可是，这类东西获得越多，你的欲望也就会越大。这是一种无止境的追求。一个人发财、出名似乎是一下子的事情，而实际上并不然。因此，你在怀着远大抱负和理想的同时，也应随时树立短期目标，一步步地实现你的理想。

# 不必过分追求完美

　　美国某机构最近进行一项调查，向 150 名年收入 5 万~20 万美元的推销员提出一系列问题。结果发现，他们之中约有 14% 是属于追求完美的人。可以预料的是，这 14% 的人所受的压力，比其他那些不追求完美的人要大得多。但他们的成就是否更大呢？说来奇怪，答案是否定的。这些追求完美的人在生活中虽然经常感到焦虑和沮丧，可是没有任何证据显示他们的收入较其他人更高。

　　上面所说的"追求完美"究竟是什么意思呢？有些人以争取高水准为荣，他们要求的是合理卓越的表现，这种健康的追求，并非"追求完美"，而是一种正常的上进心。所谓"追求完美"指的是一个人强迫自己努力达到一个可望而不可即的目标，并且完全用成就来衡量自己的价值。结果，他们便变得极度害怕失败。他们感到自己时时刻刻都在受到鞭策，同时又对自己已取得的成就不满意。事实证明，强逼自己追求完美不但有害健康，还会引起像沮丧、焦虑、紧张等不安情绪的症状。而且在工作效果、人际关系、自尊心等方面亦会遭遇失败。

　　我们必须研究一下，为什么追求完美的人特别容易引发情绪不安，为什么他们的工作效率反会受到损害？其中一个原因就是他们以一种不正确和不合逻辑的态度看人生。追求完美的人最普遍的错误想法，就是认为工作学习中有一点儿不完美便毫无价值。譬如说，一个每科成绩都取得甲等的学生，由于在一次考试中有一科拿了乙等成绩，因而大感沮丧，认为那就是失败。这类想法导致追求完美的人害怕犯错，而且一旦犯错后又很容易做出过分的反应。

他们的另一个误解是相信错误会一再重复，认为"我永远都不能把这件事做对"。追求完美的人不会自问能从错误中学到什么，而只是自怨自艾："我真不该犯这样的错，我绝不能再犯了！"这种自责的态度导致其产生一种受挫和内疚的感觉，反而会使他们重复犯同样的错误。

为了帮助追求完美的人戒除这个心理习惯，应首先请他们列出追求完美的好处和弊端。一名向心理医生求助的大学生只举出一个好处："这样做有时会使你得到优秀成绩。"接着她列出6个弊端："第一，它令我神经非常紧张，有时连普通成绩也拿不到；第二，我往往不顾冒险犯错，而那些错误却是创作过程中所必然会发生的；第三，我不敢尝试新的东西；第四，我对自己诸多苛求，令生活失去了乐趣；第五，由于总是发现有些东西未臻完美，因此我根本不能松弛下来；第六，我变得不能容忍别人，结果别人认为我吹毛求疵。"根据这个利弊分析，她终于认为若放弃追求完美，生活可能会更有意义、更有成就。

假如你的目标切合实际，那么，通常你的心情会较为轻松，工作学习也较有信心。自然而然便会感到自己更有创造力和工作成效。这里并不是要你放弃努力奋斗，事实上你也许会发现，在你不是一味追求出类拔萃的成就，只是希望自己确实有良好的表现时，反而可能会获得一些最佳的成绩。

你也可以用自我反省的方式来抵制追求完美的思想，例如："我从错误中可以得到什么？"你可以做个实验，想想你犯过的某一项错误，然后把从中得到的教训详列出来，这样便可促使你去学习新事物，从而提高在人生道路上前进的能力。

　　你要牢记，追求完美心理的背后隐藏着恐惧。当然，追求完美也有一个好处，就是无须冒失败和受人批评的风险。不过，你同时会失去进步、冒险和充分享受人生的机会。说来奇怪，敢于面对恐惧和保留犯错误权利的人，往往生活得更快乐，更有成就。

## 宽恕自己的错误

如果你仔细观察周围，你就会发现，在我们的宁静的生活中，大多数人都是和蔼可亲富有爱心的，也是宽容的。如果你犯了错真诚地请求他人宽恕时，绝大多数人不仅会原谅你，而且事后他们也会把事情忘得一干二净，使你再次面对他们时没那么愧疚。

可贵的是，我们这种亲切的态度对所有人都一样，没有什么种族、地域、民族的分别；但有时它就只对一个人例外。没错，就是我们自己。

也许你会怀疑：“人类不都是自私的吗？怎么可能严于律己宽以待人？”是的，人总是会很容易原谅自己，不过，这只是表面上的饶恕而已，如果不这么自我安慰的话，如何去面对他人？但在深层的思维里，一定会反复地自责：“为什么我会那么笨？当时要是细心一点儿就好了。”或是：“我真该死，怎能让这样的错发生？”

如果你还不相信，请你再想想自己有没有犯过严重的错误，如果想得出来的话，那你一定耿耿于怀，并没真正忘了它。表面上你是原谅了自己，实际上你是将自责收进了潜意识里。

我们可以对他人这么宽大，难道自己就没有资格获得这种仁慈的对待吗？我们是犯了错，但除了上帝之外，谁能无过？犯了错只表示我们是个普普通通的人，不代表就该承受地狱般的折磨。我们唯一能做的只是正视这种错误的存在，在错误中学习确保未来不会发生同样的憾事。接下来就应该使自己得到绝对的宽恕，尽快把它给忘了，甩掉心中的包袱继续向前进。人的一生中犯错误的机会很多，要是对每一件事都深深地自责，一辈子都要背负着一大包的罪恶感生活，你还能奢望自己能走多远？

犯错对任何人而言，都不是一件愉快的事情，一个人遭受打击的时候，难免会格外消沉。在那一段灰色的日子里，你会觉得自己就像失败的拳击选手，被那重重的一拳击倒在地，头昏眼花满耳都是观众的嘲笑声和心中那失败沮丧的感觉。在那时候，你会觉得自己简直不想爬起来了，觉得你已经再没有力气爬起来了。可是，你会爬起来的。不管是在裁判数到十之前，还是之后。而且，你还会慢慢恢复体力，平复创伤，你的眼睛会再度张开来，看见光明的前途。你会淡忘掉观众的嘲笑和失败的耻辱。你会为自己找一条合适的路，不再去做挨拳头的选手。

玛丽·科莱利说："如果我是块泥土，那么我这块泥土也要预备给勇敢的人来践踏。"如果一个失败者在表情和言行上时时显露着卑微和失望，每件事情都不信任自己、不尊重自己，那么这种人将永远得不到别人的尊重。

造物主给予人们巨大的力量，鼓励人们去从事伟大的事业。这种力量潜伏在我们的脑海里，使每个人都具有客观存在的韬略伟才，能够精神不灭、万古流芳。如果一个人不尽到对自己人生的职责，在最有力量、最可能成功的时候不把自己的力量施展出来，那么你就不可能成功。

记住，宽恕、忘怀、前进，才能把犯错与自责的逆风变为东风，推着你走向成功。

## 不要拿别人的错误惩罚自己

我想每个人都听过这句话："生气是拿别人的错误惩罚自己。"然而真正做到不惩罚自己的人恐怕没有吧？不生气真的好难啊。比如走在路上被人泼了一身水，也不知道是什么水。虽然对方一个劲儿地道歉，你也明白人家不是故意的，可是看着自己湿漉漉的衣服，还是忍不住抱怨："真可气，怎么这么倒霉？"于是一整天都在想这件事，又后悔不已："早知道就早点出门，或者就晚点出门。"总之，到头来还是在生自己的气。现在想一想，真是不值得，反正已经被泼了，再怎么抱怨、后悔都没用，衣服还是湿的。其实倒不如这样想："也许我穿这件衣服不好看呢，不是常说遇水则发吗？"这样一来，快乐指数就上来了，回家换件衣服，重新开始新的一天。宽恕了他人，宽恕了这件事，不就等于宽恕了自己吗？为什么一定要为了一件无法挽回的事而破坏自己一天的情绪，浪费自己美好的24小时呢？不过，说起来容易做起来难，不管怎样，要尽量学会宽恕，也不必成为和尚，只求宽恕该宽恕的事和人，让自己变得开心一点儿。

过失，尤其是我们对过失的自我谴责和反省，更被认为是富有意义的。当一个人下决心接受截肢手术时，他一定不会再把他的残肢视为值得保留的躯体的一部分，而是把它当作多余的、对生存形成威胁的、必须舍弃的废物。在面部整容手术中，疤痕组织必须完全地去掉，伤口才能彻底地愈合，对伤口要给予特殊保护，以确保面容的每一个细小的部位都得到恢复，使脸部像受到损伤以前一样。医疗上的根除并不困难，困难的是能使你自己乐于抛弃自我的情感，困难的是你自己乐于无保留地消除精神上沉重的负担。我们觉得难以宽恕自己，只是因为我们往往从自我谴责中寻找一种安全感，我们常常通过遮掩着自己的伤口，以获得一种反常的病态乐趣。当我们谴责他人时，就会产生一种居高临下的优越感。但却没有人愿意否认，谴责给人带来的只是一种虚幻的满足。

实际上，做到不生气并不难。心理医学研究表明：一个人心情舒畅，精神愉快，中枢神经系统是处于最佳功能状态。那么，这个人的内脏及内分泌活动在中枢神经系统调节下皆处于平衡状态，使整个机体协调，充满活力，身体自然也健康。

在生活的不幸面前，应保持冷静的思考和稳定的情绪，遇事心态平和、冷静客观地做出分析和判断。要从多方面培养自己的兴趣与爱好，如书法、绘画、集邮、养花、下棋、听音乐、跳舞、打太极拳等。从事这些活动，可以修身养性，陶冶情操。对自己要有自知之明，遇事要尽力而为，适可而止，不要好胜逞能地去做力不从心的事，只做自己力所能及的事。不要过于计较个人的得失，不要常为一些鸡毛蒜皮的事而动辄发火，愤怒要克制，怨恨要消除。保持和睦的家庭生活和友好的人际关系、邻里关系，这样在遇到问题时就可以得到各方面的支持。

# 不要放弃心中理想

在电影《少林足球》中，周星驰对大师兄说："做人如果没有梦想，那和咸鱼有什么区别啊？"大师兄反唇相讥："你鞋子都没有一对，不就和咸鱼一样喽！"

说"理想"真的是很丢人的一件事吗？为了不被"大师兄"们嘲笑，我们就可以让年少时的理想在无聊中消磨殆尽？不知道你是否听说过"家龙和野龙"的故事：

野龙和家龙相遇，家龙劝野龙"你每天不累吗？在天地之间飞个不停，风餐露宿，天冷了也没有暖和的地方歇脚，天气炎热时，还得顶着酷暑飞上天。像我这样住的舒舒服服，吃喝不愁，不是很好吗？"野龙笑了笑，眼神中带着股傲气还夹杂了些怜悯说"上苍赋予我们形体，头顶角身披鳞；上苍赋予我们品性，下能潜到源泉，上能直插云天；上苍赋予我们灵气，可吐云乘风；上苍赋予我们职责，抑制骄阳，滋润大地。我们能看到宇宙之外，栖居在八荒之野，穷尽万物的开端和变化。这难道不是最大的快乐吗？你我虽同类，但志向迥异。我从不认为贪恋一点残羹冷炙不认为与蚂蟥为伍的日子是快乐的，你以被人玩耍换取利益，终有一天会落得被宰割的下场。"果然，没多久，家龙就被玩腻了的主人宰杀了。而野龙依旧过着无拘无束的生活。

龙犹如此，人何以堪。有些人自暴自弃，在生活中蹒跚而行，即便要被时代抛弃，依旧不思进取。还有些人，怀着一颗赤诚之心，风雨无阻前行，纵然会被人误解，但他们依旧朝着光亮奔去。

没有志向的人，十有八九会度过一个糟糕的人生，而心存理想的人，事业成就及幸福感都会高于其他人。

美国哈佛大学曾做过一次调查，询问应届毕业生是否对未来有明晰的规划，其中不到百分之三的学生进行了肯定的答复。20年后，调查者对这批应届毕业生进行了回访，发现当年那些对自己未来有明确规划的学生，如今在事业成就、幸福感上都远远高于其他人。更令人惊讶的是，他们创造的财富总和，远远大于其余百分之九十七的学生创造的财富总和。

如果一个人有理想，有规划，那么就可以开发潜能，调动所有资源来为未来铺路。没有理想，即便面如冠玉、家庭背景良好，仍不具有人格魅力，因为他没有调动资源的能力，前途渺然。

理想是否和年龄相关呢？常常听到有人喟然长叹："老了，不中用了。"似乎奋发进取都是年轻人的事，老年人就该退居二线，死守风烛残年了。年龄果真有如此大的魔力吗？

"姜太公钓鱼"讲的就是已老迈年高的姜太公因怀才不遇，只得以钓鱼度日，最终遇上"伯乐"的故事。姜太公钓鱼很特别，他用的是没有钓钩的鱼钩，据说是以示公道。直到80多岁才遇上了周朝的开国君主周文王，从而辅佐他得天下。

拯救了美国克莱斯勒集团公司的艾科卡，将一大群早已退休的优秀人才组织到他的行政班子中，成为他的得力助手。每次他去日本出差，遇上的朋友大都是老年人，最年轻的也有74岁了。因此他在自传中愤慨地说："退休制度简直是一种扼杀天才的方法。"我们也要愤慨地说："绝不能以老弱论英雄。"人的潜力是巨大的，年龄只不过是一种生理现象，对个人才干的发挥没有多大影响。莫道桑榆晚，挥剑斩西风。

大家知道，肯德基是一种流行于世界各地的快餐，但它是怎样创办出来的呢？追根溯源，要首推桑德士上校了。桑德士上校原本有一家生意兴隆的汽车旅馆，他原准备依赖这个旅馆来安度晚年。不幸的是，城市的规划建设将原本为他带来财源的高速公路改道了。旅馆被迫关门，他的身上除了有一份制作炸鸡的调味处方单外，便一无所有了。于是，他离开了这个给过他梦想的地方，来到了加拿大，准备闯出一番轰轰烈烈的事业来。然而他失败了，70多岁的他再一次受到沉重的打击。但是他没有退却，又回到自己的家乡，苦心研究，决心卷土重来。终于，他成功了，成为炸鸡事业的"鼻祖"。

　　发展麦当劳汉堡的瑞克雷又是怎样成功的呢？他同样经历了一段很长时间的"潜伏期"，才抓住这个成功的机会。他原本是一名普通的售货员，一次偶然来到麦当劳兄弟的快餐店，清洁而高效的操作深深地触动了他："为什么不将它扩展呢？"于是，52岁的他，把快餐店从麦当劳兄弟手中买过来，着手另选店面"扩大再生产"，从此，一家本不起眼的麦当劳快餐店发展成世界上增长速度飞快的事业。

　　从上述几个例子可以看出，判断一个人年轻与否并不能单从生理年龄上来划分，更重要的是看他还有没有保持那种年轻的心境。人不分老幼，只有保持青春的活力，才会永远年轻。

　　青春，并不是特指我们一生中某一时间阶段，而是一种心理状态，它代表一种生命的力量，一种昂扬的意志，一种充满理想的能力，一种向着目标迈进的动力。它不会随着年龄的增长而衰减，而能使人忘记年龄，永葆青春。

　　有些人之所以过早衰老，并不是因为年岁与日俱增，而是因为他放弃了理想，放弃了目标，因而也就丧失了生命的热忱。这时，他的精神自然就表现为萎靡不振，郁郁寡欢，似乎一下子就老了几十岁。一旦给予他新的生活信心，也就等于给予他激昂的斗志、蓬勃的生机和旺盛的活力，因此，整个人都会显得活泼开朗乃至焕发出青春的光彩来。"年轻就是资本"。当我们身处逆境，一无所有时，记住，拿出你这个唯一的、很有可能别人没有的资本，以最小的成本获取最大的成功，相信逆境会给你一个青春永驻的最好机会。

# 勇敢接受无法改变的

生活中出现逆境，也就意味着出现棘手问题需要我们处理。

如何面对问题？如果不能坦然面对它、接受它，就谈不到如何放下它、处理它。而事实上，一旦事情出现后，首先要求我们不是发牢骚，而是要能够设法改善它。需要的是行动，而不是抱怨。若不能改善，我们也要面对它、接受它，绝不能逃避。逃避责任，损失依然在那里，改善与处理已出现的糟糕局面才是最聪明的。

经过一番周密计划的事物也不一定完全可靠，也会发生意料之外的情况，这时候就更应该接受它，然后想办法处理它。

所以，如果计划之中的事在进行过程中发生问题，不必伤心也不必失望，应该继续努力，争取将损失减到最小，不要轻易放弃希望。如果事先经过详细的考虑，判断预先的结果不可能成功，那也只好放下它，这和未经努力就放弃是截然不同的。

这一切，都需要我们的冷静思考。我们要告诉自己：任何事物、现象的发生，都有一定的原因。在紧急的情况下我们无法追究原因，也无暇追究原因，唯有面对它、改善它，才是最直接、最要紧的。遇到任何困难、艰辛、不公平的情况，都不要逃避，因为逃避不能解决问题，只有用我们的智慧和勇气把责任担负起来，才能真正从困扰中获得解脱。

日本的船井先生大学毕业后，曾在几家经营公司工作过。由于他秉性倔强，经常和上司产生矛盾，最后总是毅然离去。

船井先生充满自信而且有着卓越的才能，因而开始独立创业。但是，他主办的经营研究班开课了也没有人来所。后来他才深切体会到，别人依据的是招牌而不是个人实力。后来，他结了婚有了孩子，妻子却突然离世。抱着还在吃奶的孩子，他绝望了，感到自己已无路可走。

过了一段时间他又有缘再婚，在开朗大度的妻子的支持下，研究班在流通行业中重新开始活动。针对当时刚刚崭露头角的超市等流通行业，船井先生开始着手使其正规化的顾问工作，终于取得了连战连捷的成果。不可否认，正是这一切造就了船井先生的成功。

船井先生劝告大家："即使是经历了爱人意外离世的痛苦，也请把它想象成是命中注定的、必然的或能使你转运的最佳事情。"仔细想想就能明白，一味地悲伤是改变不了现状的，一切都不可能再复原。与其一味悲伤导致第二次不幸，不如振奋精神，转换思路，积极向前开拓自己的人生。除此之外没有其他更好的可以改变现状的办法。

如果是工薪阶层，他们经过人事调动、升职、降职的变化后，很多人都会有"祸中有福，福中有祸"抑或是"塞翁失马，焉知非福"的感受吧。例如日本一家公司丸红社的社长春名和雄先生，原作为董事准备升任大阪分公司经理，由于发生了著名的洛克希德飞机公司行贿事件，社长、下任社长候选人以及与此相关的董事都被牵连其中。最后，和此事件毫无关联的春名先生意外地成为了社长。

春名先生的人生警句中有这样一段话："幸运女神总是从你的身后慢慢地向你走来，因此，自己也随着幸运女神的脚步慢慢地向前奔去。其间，幸运女神追上了自己并和自己并肩前行。然后，她会将你背在背上一口气向前飞奔。"

1945 年 8 月，日本终于宣告投降。玛丽·布朗太太坐在位于加拿大渥太华的家中，静听一室的寂静与空虚。

几年前，她的丈夫死于车祸。接着，与她同住的母亲也因病去世。最后，根据布朗太太的描述，其悲剧的发生经过是这样的："当许多钟声和汽笛声都在宣告和平再度降临的时候，我唯一的儿子达诺，却在此时牺牲了。我已失去了丈夫和母亲，如今儿子一死，我是完全孤孤单单的了。""孩子的葬礼结束之后，我独自走进空荡荡的屋子里。我永远也不会忘记那种空虚、无助的感觉。世界上再也没有一处地方比这儿更寂寞的了。我整个人几乎被哀伤和恐惧所充满，害怕今后将独自一人生活，害怕整个生活方式将完全改变。而最可怕的，莫过于我将与哀伤共度余生，这才是最让我感到恐惧的。"接下去的几个星期，布朗太太完全生活在一种茫然的哀伤、恐惧和无助的包围里。她迷惑又痛苦，全然不能接受眼前发生的一切。她继续描述道："我渐渐地明白了时间会帮助我治疗伤痛。只是感到时间过得实在太慢了，因此，我必须做些事来忘记这些遭遇。我要再度回去工作。随着时间一天天过去，我也逐渐对生活再度产生了兴趣。一天清晨，我从睡梦中醒过来，忽然发现所有不幸均已成为过去，我知道今后的日子一定会变得更好。而'用头撞墙'的举止是愚蠢可笑的，是不能面对现实的表现。对于那些我无法改变的事实，时间已教会我如何承担下来。虽然整个改变进行得十分缓慢，不是几天或几个星期，而是逐渐来临，但是，它确实已经发生了。现在，当我回过头去观看那段生活，就会感到好像一条小船在经历一场巨大的风浪后，如今又重新驶回风平浪静的海面上。"

许多类似布朗太太这样的悲剧，往往很难让人们理解为什么偏偏会发生在自己的身上，因此最好先面对它们、接受它们。当布朗太太强迫自己接受失去家人的事实，便已预备要让时间来治疗心灵的痛楚。她清楚如果抗拒命运就像把毒药倾倒在伤口上，无法让自己开始新的生活。

有一个方法可以让我们面对逆境——接受它。当我们的生活被不幸遭遇分割得支离破碎的时候，只有时间的手可以重新把这些碎片捡拾起来，并抚平它。但是我们要给时间一个机会。在刚遭受打击的时候，整个世界似乎停止了运作，我们的苦难也似乎永无止境。但无论如何，我们总得往前走，去完成自己生命计划中的种种目的。而一旦我们完成了这些生命中的每一项工作，痛楚便会逐渐减轻。终有一天，我们又能唤起以往快乐的回忆，并且感受到被新的生活护佑着，而不是被伤害。要想克服不幸的阴影，时间是我们最好的盟友。但唯有我们把心灵敞开，完全接受那不可避免的命运，我们才不会沉溺在痛苦的深渊里。

抚养三个小孩的克文女士，在医生那儿听到了一个噩耗：她的丈夫得了一种严重的心脏病，很可能随时会病发身亡。

"我听了医生的话感到恐惧不已，并且开始担忧。"克文女士写信给我时这么说道："我几乎每天晚上都不能入睡，没多久便瘦了15斤，医生认为我是过于神经质。一天晚上，我又失眠了，便反问自己总是这么担惊受怕是否于事有补。到了第二天早上，我便开始计划自己应该做些有用的事。由于我丈夫颇精于木工，并曾亲自做出过许多种家具，所以我要求他替我做了个床头小桌。他答应下来，并且花了好几个下午认真去做。我注意到这个工作带给他极大的乐趣，于是过后，他又为朋友做了好多家具。除此之外，我们还开辟了一片园地，开始种花种菜。我们把收获来的最好的瓜果蔬菜送给朋友，并尽量想出一些我们可以帮助别人的事来做。假如一时没有什么事情，我们便坐下来讨论有关种植果树等种种计划。在一天凌晨一点多的时候，我的丈夫突然病发过世。后来，我发现最近这几年中，我们一直把这可怕的压力放在一边，度过了有生以来最快乐、最有意义的生活。我就是这样面对悲剧，并尽力用最好的方式去接受它。"

克文女士用无比巨大的勇气来面对不幸，使她的丈夫在最后几年的岁月里过得快乐又有意义，而她自己也因此留下了一段美好的回忆。生命并不是一帆风顺的幸福之旅，而是时时摇摆在幸与不幸、沉与浮、光明与黑暗之间的模式里。我们不能像鸵鸟一样把头埋在沙堆里面，拒绝面对各种麻烦，而麻烦也不会因你的消极悲观获得解决。逆境不过是人类生活的一部分，只有客观现实地去面对，才是真正成熟的表现。

美国21岁的士兵麦克奉命参加以色列和阿拉伯之间的战争。他在一次战役中受了严重的眼伤，眼睛因此看不见东西。虽然他遭受了这么大的伤害和痛楚，但表现的个性仍然十分开朗。他常常与其他病人开玩笑，并把分配给自己的香烟和糖果分赠给好朋友。

医生们都尽心尽力想恢复麦克的视力。一日，主治大夫亲自走进麦克的房间向他说道："麦克，你知道我一向喜欢向病人实话实说，从不欺骗他们。麦克，我现在要告诉你，看来你的视力是不能恢复了。"时间似乎停止下来，这一刻病房里呈现可怕的静默。"大夫，我知道。"麦克终于打破沉寂，平静地回答道："其实，这些天来我也知道会有这个结果。非常谢谢你们为我费了这么多心力。"几分钟之后，麦克对他的朋友说道："我觉得我没有任何理由可以绝望。不错，我的眼睛瞎了，但我还可以听得很好，讲得很好啊！我的身体强壮，不但可以行走，双手也十分灵敏。何况，就我所知，政府可以协助我学得一技之长，让我维持今后的生计。我现在所需要的，就是适应一种新的生活罢了。"

　　这就是麦克，一名拥有明亮视野的盲眼士兵。由于他忙着计算和梦想自己所拥有的幸福，因此他没有时间去诅咒自己的不幸。这便是百分之百的成熟，也就是我们要面对逆境的方法。每个人在有生之年都要面对这样的考验，你、我或者还有住在我们隔壁的那个邻居。对那些叫喊："为什么这会发生在我身上？"的人来说，这里只有一个答案："你为什么不能这样面对逆境呢？"

　　命运并不偏爱任何人。我们每一个人都要经历一些苦难，正像我们也历经过许多欢乐一样。生活迟早会教育我们：接受苦难的经历和磨炼，对我们每个人都是平等的。无论是国王、乞丐、诗人、农夫、男人、女人，当他们面对伤痛、失落、麻烦、苦难的时候，他们所承受的折磨都是一样的。无论是任何年纪，不成熟的人会表现得特别痛苦或怨天尤人。因为他们不了解，生活中的种种苦难生、老、病、死、或其他不幸，其实都是人生必经的磨炼阶段。记住："磨难是人生的课堂，不幸是人生的大学，只有经历过磨难和不幸并昂首走过来的人，才是成功者。"

## 关注自己所拥有的

一位教育学教授在班上说："我有三字箴言要奉送各位，它对你们的学习和生活都会大有帮助，而且这是一个可使人心境平和的妙方，这三个字就是：不要紧。"不让挫折感和失望感破坏平和的心情，是享受生命的重要一课。我们往往会自我夸大失败和失望，以为那些事都非常要紧，以至于每次都好像到了生死的关头。然而，许多年过去后，回头一看，我们自己也会忍不住笑自己，为什么当初竟把那么丁点小事看得那么重要呢？时间是治疗挫折感的方式之一，只有学会积极地面对挫折，才能避免长时间漫长而痛苦的恢复过程，并且能使这个过程变成一段快乐享受的时光。

安娅·贝特曼爱上了英俊潇洒的杰克先生，她确信找到了自己的白马王子。可是有一天晚上，杰克温柔婉转地对她说，他只把她当作普通朋友。贝特曼心中以杰克为中心构想的爱情大厦顷刻土崩瓦解了。那天夜里贝特曼在卧室整整哭了一夜，她甚至感到整个世界都失去了意义。但是，随着时光一天天过去，她发现没有杰克她也能生活得很幸福，并相信将来肯定会有另一个人成为她的白马王子。果然，一个更适合她的小伙子来到她的生活，他们结婚生子，日子非常快乐。但是，有一天，贝特曼和丈夫得到一个坏消息：他们把自己储蓄投资做生意的钱赔掉了。贝特曼想："这可真是太要紧了，今后一家人的生活将怎样维系呢？"这时，她听到了屋子外面孩子玩耍时发出的兴奋的喊叫。她扭头看去，正好看到孩子冲她笑着。孩子灿烂的笑容使她立刻意识到，一切都会过去，没有什么要紧的。于是，她又打起精神和一家人平安地度过了那个难关。她说："人生在世，有许多要紧的事情，也有许多使我们觉得受到威胁的事情，冷静地想一想，实际上这一切也许都不是要紧的，或者不像我们所想象的那样要紧。"

经常对自己说"不要紧"，这种心理调节方法实际上是建立在一个很深刻的哲学思考上的。即："我们的生命是什么？"对这个问题的回答决定着我们对生活价值的判断，当然也就决定着我们生活的心态。有的人把生命看作是占有，占有金钱、占有权力、占有财富、占有名利、占有……这样的生命，总是把人生的意义定在一个点上，当这个点实现后，就开始追逐下一个点。也许当他到达一个具体的点时，会有一个瞬间的快乐，但很快就会被实现下一个点的焦虑所代替。在这样的人生中，人本身只是一个不断追逐目标的工具，而不是生活本身。所以，人生总是被忙碌、焦虑、紧张所充斥，争名夺利患得患失，到死也没能放松地享受一下生命的美好。而有的人则把生命看作是上帝给予的礼物，是一个打开、欣赏、分享这个礼物的过程。因此，这样的人坚信生命本身是快乐、是爱，无论处在什么样的环境中，他们都能泰然处之。就像在迪士尼乐园中那样，兴趣盎然地去寻找、发现、享受生命中的每一个乐趣。对于这样的人来说，重要的不是去拥有什么，因为他们知道他们已经拥有了一切。重要的是他们应该如何去生活，是不是真的享有了自己的生命。

美国心理学专家理查·卡尔森博士就是看到了人们对待生命不同的态度，他告诉我们："多去想想你已拥有什么，而不是你想要什么。"他说："做了十几年的压力学心理顾问，我所见过的最普通、最具毁灭性的倾向，就是把焦点放在我们想要什么，而非我们拥有什么。不论我们多富有，似乎没有差别，我们还是不断扩充我们的欲望购物单，满足我们难以满足的欲望。你的心理机制说：'当这项欲望得到满足时，我就会快乐起来。'可是，一旦欲望得到满足之后，这项心理作用却又在不断地重复。如果我们得不到自己想要的某件东西，就会不断想着我们没有什么，仍然会感到不满足。如果我们如愿以偿得到我们想要的东西，就会在新的环境中重复我们的想法。所以，尽管如愿以偿了，我们还是不会快乐。"

卡尔森博士针对这个问题提出了他的解决办法："幸好，还有一个方法可以得到快乐。那就是将我们的想法从我们想要什么，转变为我们拥有什么。不要奢望你的另一半会换人，相反的，多去想想她的优点。不要抱怨你的薪水太低，要心存感激你有一份工作可做。不要期望去夏威夷度假，多想想自家附近有多好玩。可能性是无穷无尽的。当你把焦点放在你已拥有什么，而非你想要什么时，你反而会得到更多。如果你把焦点放在另一半的优点上，她就会变得更可爱。如果你对自己的工作心存感激而非怨声载道，你在工作上表现会更好，更有效率，也就更有可能会获得加薪的机会。如果你现在能享受在自家附近的娱乐，不要等到去夏威夷再享乐，你也许会得到更多的乐趣。由于你已经养成自娱的习惯，因此如果你真的没有机会去夏威夷，你也已经拥有美好的人生了。"

最后，卡尔森博士建议道："给自己写一张纸条，多想想你拥有什么，少想你要什么。如果你能这么做，你的人生就会开始变得更好。或许这是你这一辈子第一次知道真正的满足是什么意思。"

说"不要紧"不是要使自己变得麻木不仁，对逆境无动于衷，而是要你变得更敏锐、更智慧。从生活中看到生命的快乐，使自己在逆境中看到祝福，享受到爱。

## 看问题要换位思考

我们在许多寺庙中会见到一尊佛像，但这尊佛像与其他的佛像大异其趣。他光着大肚皮坐卧于地，咧嘴露牙地捧腹大笑，看起来特别具有亲和力及喜悦感。他便是"大肚能容，了却人间多少事；满腔欢喜，笑开天下古今愁"的弥勒佛。

弥勒佛之所以具有令人敬服的特质，就在于他的"豁达大度"。一件事可以从许多角度来看，有好的一面亦有坏的一面，有乐观的一面亦有悲观的一面。就好比一个碗缺了个角，乍看之下好似不能再用，若肯转个角度来看，你将发现，那个碗的其他地方都是好的，还是可以用的。若凡事皆能往乐观的方向看，必将会有无限希望。反之，一味往悲观的方向看，定觉兴致索然。

外甥女只有3岁，晚餐时每每执着汤匙要"自己吃"，但次次皆被母亲夺走，而母亲通常的回答是："你还不会。"当我下次再造访她们家时，外甥女竟改口道："你帮我。"由此可见，孩子的热情被一而再、再而三地浇灭后，便容易产生依赖性。久而久之，便将变成一个怕做错事而受嘲骂、缺乏自信的人，等到将来长大，自然会畏畏缩缩，没有勇气尝试突破困境。

凡事多往好的方面想，自然会心胸宽大较能容纳别人的意见。拥有宽大的心胸，不但可以使人经常换角度去看事情，更能使人过上怡然自得的日子。

释尊的一位大弟子被一位婆罗门侮辱，但他对于对方的辱骂只是充耳不闻，未予理会。因为他知道，一个会以辱骂别人来抬高自己的人，他在个人的修养和品行上也会有问题。婆罗门见到他无端被自己辱骂，不但没有生气，且能微笑地答辩，真不愧是圣者。于是自知理亏便悄悄地离开了。这便是豁达，即佛家所谓的圆融。

我们做人要豁达一些，也要大度一些，凡事留有余地。就拿穿鞋来说吧，我们买鞋子都知道要预留一点空间，否则穿久了，会因脚和鞋子摩擦得太厉害，而起水泡痛苦难忍。又如赴约，应提早5分钟或10分钟到场，也一定比只剩1分钟赶到的心情轻松多了。

谚云"宰相肚里能撑船"，英国首相丘吉尔就是最好的例证。他对于化解愤怒的方法是幽默。有一次，丘吉尔演说前有一位不赞同他观点的人递了张纸条给他，上面写着"笨蛋"二字，丘吉尔看了之后，并没有生气或露出不悦的颜色，只是拿着那张纸条幽默地说："我常常接到许多忘了签名的信，今天我第一次接到没有内容却有签名的信，难道这是他的签名吗？"随后将纸条展示给在座诸位观看，引得众人哄堂大笑。愤怒是不好的情绪，但大多数的凡夫俗子往往控制不住它，只有少数有智慧、有肚量的人才能适时疏解这种不好的情绪。

我们都有过这种经验，就是盛怒之后再反省便会发现："我当时也可以不必那么愤怒的，其实事实也不是那么严重，不知道他（受气者）现在的感受如何？"但当再次遇到那种使人非常愤怒的情况时，往往又会按不住怒火。于是，我们必须通过日常生活不断地磨炼自己，使自己也拥有化解矛盾、疏解愤怒的智慧和能力。由于我们不是凡事都能顿悟的圣者，便只有靠着"时时勤拂拭，勿使惹尘埃"的功夫，使自己臻于忍辱负重、宽容他人的境界。是的，希望我们都能在生命长河的洗练中，慢慢磨去我们不知足不容人的坏习性，使我们也能迈向圆融的人生。

　　我们应该效法弥勒佛笑口常开的个性，并学习他用积极开朗的态度解决一切问题。在这充满争斗的繁华世界之中，唯有以最自然无争的态度，处处流露服务他人的意念，才能散发人性至真、至善、至美的光明一面。

　　人们常说："当你笑时，全世界都跟着你笑，当你哭泣时，只有你一人哭泣。"

　　如果你想常有好运的话，在每天出门时就多练习笑容吧！

# 学会自我平衡

心理失衡的现象在现代竞争日益激烈的生活中时有发生。大凡遇到成绩不如意、高考落榜、竞聘落选、与家人争吵、被人误解讥讽等情况时，各种消极情绪就会在内心积累，从而使心理失去平衡。消极情绪占据内心的一部分，由于惯性的作用使这部分内心越来越沉重、越来越狭窄；而未被占据的那部分内心却越来越空、越变越轻。因而心理明显分裂成两个部分，沉者压抑，轻者浮躁，使人出现暴戾、轻率、偏颇和愚蠢等难以自抑的行为。这虽然是心理积累的能量在自然宣泄，但是它的行为却具有破坏性。

这时我们需要的是"心理补偿"。纵观古今中外的强者，其成功秘诀就包括善于调节心理失衡的状态，通过心理补偿逐渐恢复平衡，直至增加建设性的心理能量。

有人打了一个颇为形象的比方：人好似一架天平，左边是心理补偿功能，右边是消极情绪和心理压力。你能在多大程度上加重补偿功能的砝码而达到心理平衡，你就能在多大程度上拥有了时间和精力，信心百倍地去从事那些有待你完成的任务，并有充分的兴趣去享受人生。那么，应该如何去加重自己心理补偿的砝码呢？

首先，要有正确的自我评价。情绪是伴随着人的自我评价与需求的满足状态而变化的。所以，人要学会随时正确评价自己。有的青少年就是由于自我评价得不到肯定，某些需求得不到满足，未能进行必要的反思来调整自我与客观之间的距离，因而心境始终处于郁闷或怨恨的状态，甚至悲观厌世，最后走上绝路。由此可见，青年人一定要学会正确估量自己，对事情的期望值不能过分高于现实。当某些期望不能得到满足时，要善于劝慰和说服自己。不要为平淡缺少活力的生活而遗憾。遗憾是生活中的"添加剂"，它为生活增添了发愤、改变与追求的动力，使人不安于现状，永远有进步和发展的余地。生活中处处有遗憾，然而处处又有希望，希望安慰着遗憾，而遗憾又充实了希望。正如法国作家大仲马所说："人生是一串由无数小烦恼组成的念珠，达观的人是笑着数完这串念珠的。"没有遗憾的生活才是人生最大的遗憾。为了能有自知之明，常常需要正确地对待他人的评价。因此，经常与别人交流思想，依靠友人的帮助，是求得心理补偿的有效手段。

其次，必须意识到你所遇到的烦恼是生活中难免的。心理补偿是建立在理智基础之上的。人有各种感情，遇到不痛快的事自然不会麻木不仁。没有理智的人喜欢抱怨、发牢骚，到处辩解、诉苦，好像这样就能摆脱痛苦。其实往往是白花时间，现实还是现实。明智的人勇于承认现实，既不幻想挫折和苦恼会突然消失，也不追悔当初该如何如何。而是想到不顺心的事别人也常遇到，并非是老天跟你过不去。这样你就会减少心理压力，使自己尽快平静下来，客观地对事情做个准确的分析，总结经验教训，积极寻求解决的办法。

再次，在挫折面前要适当用点"精神胜利法"，即所谓"阿Q精神"，这有助于我们在逆境中进行心理补偿。例如，实验失败了，要想到失败乃是成功之母。若被人误解或诽谤，不妨想想"在骂声中成长"的道理。

最后，在做心理补偿时也要注意，自我宽慰不等于放任自流和为错误辩解。一个真正的达观者，往往是对自己的缺点和错误最无情的批判者，是敢于严格要求自己的进取者，是乐于向自我挑战的人。记住雨果的话："笑就是阳光，它能驱逐人们脸上的冬日。"

## 要懂得肯定自己

托尔斯泰的长篇小说《安娜·卡列尼娜》的结局是不幸的，安娜最后卧轨自杀。这是一出典型的悲剧：一个处于上层社会的女子爱上了一位年轻伯爵，当象征爱情的火花刚刚擦亮时，又被象征现代文明的火车轮熄灭。

时至今日，对于安娜爱情悲剧的启示可谓是"仁者见仁，智者见智"，但万"辩"不离其宗：安娜的悲剧不仅仅是一个贵族妇女的悲剧，而是当时整个社会的悲剧。

一个人有多大的勇气肯定自己呢？一个妇女又有多大的勇气肯定自己"悖于社会道德"的行为呢？从封建社会"夫字天出头"，到资本主义社会男人至上，妇女都被置于社会中受人任意摆布的地位，甚至是男人的附属品。古今中外例子不胜枚举，被枪杀的苔丝德梦娜、香消玉殒的茶花女、怒沉百宝箱的杜十娘、青春夭折的林黛玉……一个个想逾越雷池的女人把历史染得血迹斑斑。历史曾这样评价过她们："她们就好像是一棵脆弱的藤萝，紧紧依偎在大树的身上，没有权利说话也没资格思考，而这棵青藤本可以长成大树，却因为世俗的狂风摧残使其夭折。"

安娜虽有勇气去冲破世俗，但是依据世俗评论的态度来看待自己的行为的矛盾心理，却始终困扰着她那颗勇敢的心。在她的观念中抛夫弃子绝对是罪恶堕落不可饶恕的，不管丈夫是不是自己的爱人，那个家有没有快乐，有没有属于自己的那份爱情。因此她在对伯爵表明心迹时，从内心产生了一种重压，摧残了她深爱伯爵的心理力量，严重扭曲了她的性格。可见世俗观念在她心中的影响，也可以说她的意识从未脱离过她所生活的上流社会。她有勇气为爱情迈出大胆的一步，却没有勇气肯定自己。她成了世俗观念的维护者，也成了世俗观念的牺牲品。在她病危时，她并没有对生命、对伯爵表现出眷恋。只是一味地忏悔："我要的是你的宽恕。"安娜永远都不会去怀疑这个世界。后来在生命弥留之际，她以"上帝，宽恕我的一切吧！"来告别人世。

安娜内心世俗的意识对自己行为作出的判决，造成了悲剧。但你的判决完全可以和她不一样。尽管我们现在的社会观念已经相当开明，但精英人物的思维理念总是不被大众所轻易接受，一个叛逆者与先行者要承受比普通人更大的压力。在这种情况下，唯有你自己给自己支撑、给自己自信、自己肯定自己。坚信自己的理念与行动是正确的，让时间来检验它的正确与否，而不是听凭众人的评价与判决。

你应该对自己说："我现在的生活，我今后的一生，不管遇到什么事，不仅不会像过去那样毫无意义，而且还具有让我走向新生活的明确意义。"这绝对是你能够做到的。

# 情绪不佳时转移注意力

当你因不愉快的事而情绪不佳时，不妨试试转移自己的情绪注意力：

1. 积极参加社会交往活动，培养社交兴趣

人是社会的一员，必须生活在社会群体之中。一个人要逐渐学会理解和关心别人，一旦主动关爱别人的能力提高了，就会感到生活在充满爱的世界里。如果一个人有许多知心朋友，也许可以取得更多的社会支持，更重要的是可以充分地感受到社会的安全感、信任感和激励感，从而增强生活、学习和工作的信心与力量，最大限度地减少心理的紧张感和危机感。

一个离群索居、孤芳自赏、生活在社会群体之外的人，是不可能获得心理上的支持的。随着独门独户家庭的增多，使得家庭与社会的交流减少，因此走出家庭，扩大社会交往显得更有实际意义。

多利用身边的有利条件。工作中经理可以多找下属征求意见，同事之间也可互相讨论集思广益，最终拿出一个有效可行的方案，执行时大家都有参与感。执行方案因为已纳入所有工作者的智慧，每个人都会感受到自己存在的价值，减少不必要的失落。

2. 多找朋友倾诉，以疏泄郁闷情绪

在我们日常生活和工作中，难免会遇到令人不愉快和烦闷的事情，如果找个好友听你诉说苦闷，那么压抑的心情就可能得到缓解或减轻，失去平衡的心理亦可得以恢复正常。并且能得到来自朋友的情感支持和理解，可获得新的思考，增强战胜困难的

信心。

　　还可将不愉快的情绪向自然环境转移。郊游、爬山、游泳或在无人处高声叫喊、痛骂等。也可积极参加各种活动，尤其是可将自己的情感以艺术的手段表达出来，如去听听歌、跳跳舞，在引吭高歌和轻快旋转的舞步中忘却一切烦恼。

　　3. 重视家庭生活，营造一个温馨和谐的家

　　家庭可以说是整个生活的基础，温暖和谐的家是家庭成员快乐的源泉、事业成功的保证。在幸福和睦的家庭中成长的孩子，也很利于其人格的发展。

　　如果夫妻不和、经常吵架，将会极大地破坏家庭气氛，影响夫妻的感情及其心理健康，也会使孩子幼小的心灵受到伤害。不和谐的家庭经常制造心灵的不安与污染，对孩子的教育很不利。

　　理想的健康家庭模式，应该是所有成员都能轻松表达意见，相互讨论和协商，共同处理问题，相互供给情感上的支持，团结一致应付困难。每个人都应注重建立和维持一个和谐健康的家庭。社会可以说是个大家庭，一个人如果能很好地适应家庭中的人际关系，也就可以很好地在社会中生存。

# 第四章　成功不止一条路

　　每种逆境，都会有等量利益的种子。

　　人在逆境之中，能不能随着外界的变化及时调整自己的行为，维护自身的利益，是聪明的象征。不管具体情况如何，抱着既定的条条框框，不调整变革而是"一条道儿跑到黑"，这是蠢人的做法。以自身利益为核心，以外界环境的变化为参数，本着灵活机敏、具体问题具体分析的原则，进退自如，随机取舍，才是聪明的行为。

## 学会绕道而行，迂回前进

一次我从城东乘出租车去城西参加一个重要会议。因为时间较紧，我嘱咐司机找一条最快的路。司机说："那么，只有走小路了，不过要绕多一点距离。"我奇怪地问："为什么走小路比大路更快？"司机说："现在是上班时间，大路上的私家车和大巴很拥挤，因此要想快的话最好是走绕一点的小路，因为小路车少反而会更快一点。"司机的话给我上了一场人生哲理课。

鲁迅先生曾说过："其实地上本没有路，走的人多了，也便成了路。"而世间之路又有千千万万，综而观之不外乎两类：直路和弯路。毫无疑问，人们都愿走直路，沐浴着和煦的微风，踏着轻快的步伐，踩着平坦的路面，这无疑是一种享受。相反，没有人乐意去走弯路，在一般人眼里弯路曲折艰险又浪费时间。然而，人生的旅程中弯路居多，山路弯弯，水路弯弯，人生之路亦弯弯，所以喜欢走直路的人要学会绕道而行。

学会绕道而行，迂回前进，适用于生活中许多的领域。比如当你用一种方式思考一个问题和做一件事情时，如果遇到思路被堵塞时，不妨另用他法。换个角度去思索，换种方法去重做，也许你就会茅塞顿开豁然开朗，有种"山重水复疑无路，柳暗花明又一村"的感觉。

在一次欧洲篮球锦标赛上，保加利亚队与捷克斯洛伐克队相遇。当比赛只剩下8秒钟时，保加利亚队仅以2分优势领先，按一般比赛规则来说已稳操胜券。但是，那次锦标赛采用的是循环制，保加利亚队必须赢球超过5分才能取胜。可要用仅剩的8秒钟再赢3分绝非易事。这时，保加利亚队的教练突然请求暂停。当时许多人认为保加利亚队大势已去，被淘汰是不可避免的，该队教练即使有回天之力，也很难力挽狂澜。然而等到暂停结束比赛继续进行时，球场上出现了一件令众人意想不到的事：保加利亚队拿球的队员突然运球向自家篮下跑去，并迅速起跳投篮，球应声入网。这时，全场观众目瞪口呆，而全场比赛结束的时间到了。但是，当裁判员宣布双方打成平局需要加时赛时，大家才恍然大悟。保加利亚队这一出人意料之举，为自己创造了一次起死回生的机会。加时赛的结果是保加利亚队赢了6分，如愿以偿地出线了。

如果保加利亚队坚持以常规方式打完全场比赛，是绝对无法获得真正的胜利的，而往自家篮下投球这一招，颇有迂回前进之妙。在一般情况下，按常规办事并不错，但是当常规已经不适应变化的新情况时，就应解放思想、打破常规、善于创新、另辟蹊径。只有这样，才可能化腐朽为神奇，在似乎绝望的困境中寻找到希望，创造出新的生机，取得出人意料的胜利。

当我们在生活中遇到无路可走的情况时，回过头来，绕道而行便可以找到一条新路。所以世上只有死路没有绝路，而我们之所以往往会感到面对"绝路"，那是因为我们自己把路给走绝了，或者说我们的目光短浅思路狭隘缺乏了"绕道"迂回的意识。

《孙子兵法》中说："军急之难者，以迂为直，以患为利。故迂其途，而诱之以利，后人发，先人至，此知迂直之计者也。"这段话的意思是说：军事战争中遇到最难处理的局面时，可把迂回的弯路当成直路，把灾祸变成对自己有利的形势。也就是说，在与敌的争战中迂回绕路前进，往往可以在比敌方出发晚的情况下，先于敌方到达目的地。

美国硅谷专业公司曾是一个只有几百人的小公司，面对竞争力强大的半导体器材公司，显然不能在经营项目上一争高低。为此，硅谷专业公司的经理决定避开竞争对手的强项，抓住当时美国"能源供应危机"中节油的这一信息，很快设计出"燃料控制"专用硅片，供汽车制造业使用。在短短 5 年里，该公司的年销售额就由 200 万美元猛增到 2000 万美元，成本则由每件 25 美元降到每件 4 美元。由此可见，虽然经商者寻求的是不断增加盈利，然而经营者在激烈的竞争中每前进一步都会遇到困难，很少有投资者能以单一经营方式直线发展取胜，因此迂回发展是大多数经商者都走过的道路。

在逆境当中，我们也应有迂回前进的概念，凡事不妨换个角度和思路多想想。世上没有绝对的直路，也没有绝对的弯路。关键是看你怎么走，怎么把弯路走成直路。有了绕道而行的技巧和本领，弯路也成了直路了。

绕道而行，在某些时刻也可以理解为"树挪死，人挪活"。韩信出身贫寒，但熟演兵法，怀安邦定国之抱负。秦朝末年，各地陆续爆发起义。韩信从军，投靠了项梁、项羽等人所领导的西楚军队。他本想在乱世中大展宏图，施展抱负，却迟迟不受项羽重用。他不甘心自己的才华被埋没，于是逃离楚营，转投刘邦。在结识了好友萧何后没多久，就被刘邦拜为大将。后来，正是在韩信的帮助下，刘邦在楚汉之争中大胜项羽。

学会绕道而行，拨开层层云雾，便可见明媚阳光。也许你曾经奋斗过，也许你曾经追求过，但你认定的路上红灯却频频亮起。在你焦急无奈，恨天怨地时，不如绕道而行。

绕道而行，并不意味着你面对人生的逆境望而却步，也并不意味着放弃，而是在审时度势。绕道而行，不仅是一种生活方式，更是一种豁达、乐观的生活态度和灵活应变的处事理念。大路车多走小路，小路人多爬山坡。以豁达的心态面对生活，敢于、善于走自己的路，这样你永远不会是一个失败者，而是一个勇于开拓的创新者。

## 善于改变自己的思维

善于改变自己的思维，不按照常理去想问题，就会取得非同一般的成效。这就是说，换一种思维方式就能够化解问题。

美国有一家大百货公司，门口的广告牌上写着：无货不备，如有缺货，愿罚 10 万美元。一个法国人很想得到这 10 万美元，便去找经理说："潜水艇在什么地方？"经理领他到第 18 层楼，当真有一艘潜水艇。法国人又说："我还要看看飞船。"经理又领他到第 10 层楼，果然有一艘飞船。法国人不肯罢休，又问道："可有肚脐眼生在脚下面的人？"他以为这一问，经理一定被难住。经理也的确抓耳挠腮无言以对。这时，旁边的一位店员应道："我做个倒立给这位客人看看！"

人们都已经熟悉了逆向思维这种方式，但到了实际情况下，特别是一些特殊情况下，人们还是习惯于常规思维。因此，很多可以解决的问题，也就被人们看成无法做到、难以解决的问题。

"如果你讨厌一个人，那么你就应该试着去爱他。"这是一位在社会风雨中历练多年的人告诉我的。

基克尔大学毕业初入社会，在某家公司外贸部就职，不幸碰上一个爱拍马屁，什么本事也没有的顶头上司。此人每天下班后没有什么事儿也要跟着外方上司拼命"加班"，无事生非，把白天理好的文件弄得一团糟，转眼出了错，又把责任推给基克尔。

一气之下，基克尔辞职去了另一家公司。在那里，他出色的工作博得了许多同事的称赞。但无论怎样也没法使苛刻、暴躁的经理满意。心灰意冷间，他又萌动了跳槽之念，于是向总裁递交了辞呈。总裁先生没有竭力挽留基克尔，只是告诉他自己处世多年得出的一条经验："如果你讨厌一个人，那么你就要试着去爱他。"总裁说，他就曾"鸡蛋里挑骨头"一般地在一位上司身上找优点，结果他发现了老板的两大优点，而老板也逐渐喜欢上了他。

基克尔虽然依旧讨厌他的经理，但已悄悄收回了辞呈。他说："现在我想开了，作为一个成熟的人应该放开心胸去包容一切，爱一切。"换一种思维看待人生，你一定会发现乐趣比烦恼要多得多。

再看一则故事：在1912年，有一位欧洲的神父到中国山东传教。他看到当地人民的生活非常困苦，引发了他的恻隐之心，他苦思良策想改善教友们的生活。

有一天，神父走过一户人家，看见妇人在门口梳头，有些头发掉落在地上。这一幕触发了他的灵感。

神父想起了他的家乡——欧洲。工业革命后工厂纷纷设立，厂内的女工操作时都必须佩戴发网，这么一来，不但可避免头发卷入机器中，而且也可做装饰品。如果把妇女们掉落的头发收集起来，然后编织成发网销到欧洲去，岂不是可以改善教友们的生活吗？

于是，神父就告诉妇女们，在梳头时，可把落发收集起来。另一方面，他告诉商人，拿些针线与火柴来与妇女们交换零碎的头发，并教会商人把头发编织成发网，外销欧洲。

再说一则故事：日本北海道冬季严寒，积雪的时期长达4个月。积雪对农作物而言，固然有防虫与防寒等好处，但积雪时间太久的话，会影响农民播种的时间。铲除残雪，得花大钱；等阳光来融雪，天公又常不作美。因此，农民只好撒泥土来融解积雪，但泥土太重，融雪的效果也不好。所以，几十年来积雪的问题一直困扰着北海道的农民。

有一天，一个老农夫试着把炉中掏出的黑灰撒在积雪上，没想到效果非常好，一举解决了数十年的难题。

黑灰不但较泥土易于搬动，而且吸热程度高，融雪的效果数倍于泥土。并且掏出黑灰，等于把火炉清除干净，真是一举三得。

落发与黑灰原来都是无用的废物，经过神父与农夫的办法之后，都变成有用之物。这真是应验了一句话："只要肯动脑，垃圾也能变黄金。"

某鞋厂的老板派两名销售经理到非洲考察新鞋销售的市场潜能。两人回国后先后向老板报告。甲经理兴趣索然地说："非洲人不穿鞋子，因此市场没有开发的价值，我们不必去了。"乙经理则另有一种说法，兴致勃勃地指出："非洲大多数的人都还没有买鞋子。显示这个市场潜力无穷，应赶快进行开发，先抢得商机。"结果乙经理受到重用，甲经理不久后离职。

为了生存发展与提高生活质量，人人应充实自己、扩大视野，在日常生活中培养健康、合理、贴切的思考模式，作为自己行动的指导原则。

换一种思维方式，把问题倒过来看，不但能使你在逆境中找到峰回路转的契机，也能使你找到生活上的快乐。换一种思维，就会从另外一个方面重新判断问题，从而把逆境变为坦途。

# 立足自身，以巧取胜

在和煦明媚的春光下，一群生性温存的羚羊正在肥美的北非草原上悠闲自得地嬉戏觅食。清澈的水潭中，倒映着一幅幅令人叹为观止的自然风光。突然羚羊中一声尖厉的哀叫划破了宁静的原野。一只凶猛的猎豹，正以惊人的高速向羊群奔袭而来，如诗如画的自然景色，随即被一场惊心动魄的生死搏斗所取代。成群的羚羊被猎豹冲击得四散而逃。一只健壮的羚羊，凭借着灵活多变的转弯技术，一次又一次地躲过了穷追不舍的猎豹，居然创造了死里逃生的奇迹，只给气喘吁吁的猎豹留下一串清晰的蹄印。

羚羊既无尖牙利齿，又无铁蹄锐角。而它的天敌猎豹，不仅生性凶残本领非凡，而且奔跑速度最快达每小时百余公里之上，比羚羊整整快30多公里。若按此速度对比的话，应该是没有一只羚羊能幸免于杀身之祸的了。然而，事实上猎豹能捕食到的往往只是一些老弱病残的羚羊。羚羊家族不仅没有因此绝迹，相反，由于猎豹的存在，帮助羚羊优化物种，更加"羊丁兴旺"。其中的奥妙就在于，羚羊面对猎豹高速奔跑的优势，不是盲目地"以快制快"，而是立足自身条件，采取灵活多变，急速转弯，以巧制胜。

在人类社会中，强者与弱者，总是相对而言的。你有你的优势，我有我的专长。因此，扬长避短历来为有识之士所推崇。

我国现代伟大的文学家鲁迅，当初的志向是学医救国。他到日本学医，尽管他很专心也很用功，但学习成绩平平。当他意识到自己从文救国更为合适，便毅然弃医学文，从此蜚声文坛，成为一代文学巨匠。

达尔文年轻时对诗歌产生兴趣，每天上午背诵几十行诗。不过，他很快发现自己的"诗才"平庸，就转向了生物学，并取得了《生物进化论》的伟大成就。

这样的事例，可以举出许许多多。扬长避短，充分发挥自身的特长和优势，是十分重要的。所以，一个人要在这个世界上立足，关键还是在于能否正确认识自己、发现自己，从而合理确定自己的人生坐标。

生活中，常有这样的现象：面对强劲有力的对手，一些人不是在自身条件基础上决定扬长避短的对策，而是不切实际地强求自己要比别人的长处更长。其结果往往只能是东施效颦，不仅短时间内难以赶上别人，而且还会丧失自己原有的优势。

由于历史、地理、资源、环境等复杂的原因。国家与国家之间，民族与民族之间，地区与地区之间，以至人与人之间都客观地存在着种种差异和距离。面对这种种差异和距离，有的人博取"他山之石"为己攻玉，有的则为缩短差距和尽快赶上先进，借鉴、模仿甚至移植别人成功的经验，这都未尝不可。但是，一切最有生命力和竞争力的，必然是最充分地发挥自身优势发明创新，而不是简单地模仿别人的东西。许多有所建树，独树一帜的艺术家，都不可否认地学习、模仿过别人，但他们最终必定是吸收了别人的长处，又发挥了自己的特长，优势才能独树一帜，自成一派。学艺如此，经商如此，战争亦如此。

因此，我们要在生活的竞争场上取胜，不仅要摒弃自身已失去活力的原有长处，还要善于摒弃竞争对手正在运用的，有时哪怕是自己已经具有很大优势的长处。立足环境因素、自身条件和欲求目标的三元动态平衡中，求得全新的对策。这样，我们最终才能战胜逆境成就自己。

# 顺应天性，找准位置

一个人变与不变，不能一概而论，应当根据不同的情况而定。一个人竭尽全力去做一件事而没有成功，并不意味着他做任何事情都无法成功。因为他可能选择了不适合自己天性的职业，这就注定难以成功。莫里哀和伏尔泰都是失败的律师，但前者成了杰出的文学家，而后者成了伟大的启蒙思想家。因为他们施行了"变位术"。

世界上有半数的人从事着与自己的天性格格不入的职业，而做自己的天赋所不擅长的事情往往会徒劳无益，因此失败的例子数不胜数。在职业生涯的选择方面，要扬长避短。你的天赋所在就是你擅长的职业。西德尼·史密斯说："不管你天性擅长什么，都要顺其自然，永远不要丢开自己天赋的优势和才能。"

罗伯特·瓦特也说："天才人物往往被一种无法抗拒的冲动吸引到一种职业上去，而他本人就是为这种职业而存在的。无论在他周围存在多少困难，也无论他的前途多么渺茫，这种职业仍然是他按照自己的兴趣和爱好所追求的唯一一种职业。而一旦他在那个方面的努力不能维持他的生计时，当他发现自己非常贫穷卑微、穷困潦倒时，他或许就会像波恩斯一样经常叹息着回忆过去，并设想着如果自己以前从事另一种的职业，境遇将会比现在好多少。尽管如此，他仍然会继续坚持着并执着地追求他所钟爱的事业。"

当每一个人都选择了适合他的工作时，这就标志着人类文明已经发展到了至高境界。只有找到了适合自己的位置时，人们才有可能获得理想的成功。就像一个火车头一样，只有在铁轨上它才是强大的，一旦脱离轨道，它就寸步难行。

曾经有很多人说，上帝任命了两位天使，一位去扫大街，另一位去治理帝国，他们两个人的职责不能交换。事实上，当一个人认为上帝已经交给他一项特殊的工作时，只有他全身心地投入其中，他才能得到幸福。当一个人在年轻时就找到了他梦想中的职业时，他是幸福的，但是如果连这份梦想中的工作都不能胜任的话，那么也就没有其他任何工作能做得让他自己或别人感到满意的了。因为永不停止追求梦想是一个人天生的倾向，除非他已经找到了真正属于自己的位置，否则他内心的理想会一直萦绕着他，并驱使他行动，直到他那天赐的才能都充分发挥，直到他回归到真正适合他的港湾时才会罢休。

卡耐基曾经这样总结自己的教训："当我由密苏里州的乡下到纽约去的时候，我考入了美国戏剧学院，并希望能做一个演员。我当时有一个自以为非常聪明的想法，一条到达成功的捷径。这个想法非常简单，也非常完美，所以我不懂得为什么成千上万雄心勃勃的人居然没有发现这一点。这个想法是这样的，我要去学当年那些有名的演员怎样演戏，学会他们的优点，然后把每一个人的长处学下来，使自己成为一个集所有优点于一身的名演员。当时我是多么愚蠢，多么荒谬，我居然浪费了那么多时间去模仿别人。最后终于明白，我需要维持自己的本色，我不可能变成任何人。我对自己说'你一定得维持你自己的本色，不论你的错误有多少，能力多么有限，你也不可能变成别人。'于是我不再试着做其他所有人的综合体，而卷起我的袖子，做了我原先就该做的那件事。我写了一本关于公开演说的教科书，完全以我自己的观察、经验，以一个演说家和一个演说教师的身份来写。"

　　卡耐基取得了成功，是因为他终于明确了他自己的社会角色，及时调整自己的方向，从适合他自己的角度来从事社会活动。

　　惠灵顿曾经被他的母亲认为是一个笨孩子。在伊顿公学时，他被大家称为笨蛋、白痴、弱智，他在那里被列入最差劲的学生行列。因为他什么都不懂，所以人们认为他什么都得从头学起。在学校时，他没有表现出任何天赋，也没有表现出任何要参军的意愿。但是，在他的父母和老师的眼里，他那勤奋和坚毅的性格特征是对他缺陷的唯一补偿。在46岁那年他战胜了"战无不胜"的拿破仑。

　　扬·林尼厄斯当年几乎要被他的老师叫作"笨蛋"了。当他的父母发现他不适合做教士时，就把他送进大学去学习医学。但是，一个默默无闻，却比其他人更有耐心也更有智慧的老师，引导他进入了适合他的领域。此后，无论是疾病、灾难还是贫穷，都不能把他从这个领域里拉出来，因为这是他内心的真正选择。后来，林尼厄斯成了他那个时代最伟大的指挥家。

　　只有极少数人在没有经历挫折和痛苦的情况下，就能在任何工作或任何研究领域表现出伟大的天赋与非凡的才能。绝大多数人，即使按照他们内心的期望给予他们相应的职位，他们也很难在15岁甚至20岁之前确定他们一生的职业。每一个人都会在自己思维的入口处徘徊不定，想要以自己拥有的才智来明确知晓自己适合哪种具体的工作。但是，这种才智其实是不存在的。

　　英国作家塞缪尔·斯迈尔斯曾从事过一种完全不适合他的天性的职业。然而，他非常虔诚地去做好这份工作，这些经历对他日后的作家生涯起了很大的作用，而作家才是最适合他的职业。忠实地对待你的本职工作和一切社会职责，满怀着忠诚的责任心来对待我们的父母、老板和自己，这些东西将会在适当的时候把我们中的大多数人带到光明的道路上去。

无论是林肯还是格兰特，都不是从婴儿时就有入主白宫的天才特征或领导人的天赋。因此，没有人会因为自己在摇篮里没有收到巨大的礼物馈赠而感到失望。我们的任务就是尽力做好每一件手头的工作，并且按照自己内心天赋所指引的方向抓住每一个重大的机会，从而使自己不断进步。让职责成为指路的明星，从这个意义上讲，成功则是衡量人的工作能力和努力程度的王冠。

很多人在问：什么是一生的职业？我一生所要从事的职业应该是什么呢？如果你的天赋和内心的理想要求你从事木工工作，那么你就做一个木匠；如果你的天赋和内心要求你从事医学工作，那么你就做一个医生。坚信自己的选择并进行不懈的努力，你就一定能够成功。但是，如果你没有任何内在的天赋，或者没有一个明确的理想，那么，你就应该在最适应你的方面和最好的机会上慎重地做出选择。不必怀疑这个世界是任由你去创造的，真正的成功在于努力扮演好自己的角色、出色地履行自己的职责，这一点是每一个人都能够做到的。做一个一流的搬运工也要比做一个二流的其他角色强。

有这样一句话曾经广泛流传："没有哪一个认识到自己天赋的人会成为无用之辈；也没有哪一个出色的人在错误地判断自己天赋时，能够逃脱平庸的命运。"

富兰克林说："有事可做的人就有了自己的事业，而只有从事擅长天性的职业，才会给自己带来利益和荣誉。站着的农夫要比跪着的贵族高大得多。"如果我们遵从马修·阿诺德的说法，那么，宁可做鞋匠中的拿破仑，宁可做清洁工中的亚历山大，也不要做根本不懂法律的平庸律师。

一个人的职业能比其他任何事情都更强烈地影响到他的生

活。一个人的职业使他肌肉结实、身体强壮、思维敏捷，纠正他的失误和偏差，激发他的创造才能。职业使他得以施展才华，使他开始积极地生活，激励他的进取心，让他觉得自己是个真正的人。因此必须处在你认为真正适合自己的位置上，完成真正应完成的工作，承担真正应该承担的职责，并表现出真正的勇气与胆识。如果没有从事这样的职业，他就不会觉得自己是个真正的人。无事可做的人称不上是完整意义的人。他无法通过工作来表现自己坚强的个性。

粗壮结实的肌肉和骨骼不足以构成真正的人，一个大脑也不足以成为真正的人。骨骼、肌肉和大脑必须组合起来，进行健全完整的思考，知道怎样完成适合自己的工作，开创一条与众不同的道路，勇敢地承受巨大的压力和职责，只有这样，才能真正造就自己，使自己成为名副其实的人才。这是"变位术"带来的成功之道。

# 不要夸大危机

英国某家报纸曾举办一项高额奖金的有奖征答活动。题目是：在一个充气不足的热气球上，载着三位关系世界兴亡命运的科学家。

第一位是环保专家，他的研究可拯救人类免于因环境污染而面临死亡的噩运。

第二位是核子物理专家，他有能力防止全球性的核战争爆发，使地球免于遭受灭亡的绝境。

第三位是农业专家，他能在不毛之地，运用专业知识成功种植粮食，使几千万人脱离因饥荒而亡的命运。

此刻热气球即将坠毁，必须丢出一个人以减轻载重，使其余的两人存活，请问该丢掉哪位科学家？

问题刊出之后，因为奖金的数额相当庞大，各地答复的信件如雪片飞来。在这些答复信中，每个人皆竭其所能，甚至天马行空地阐述他们必须丢掉哪位科学家的宏观见解。

最后结果揭晓，巨额奖金的得主是一个小男孩。

他的答案是——将最胖的那位科学家丢出去。

您比较想将哪位科学家丢出去呢？

这位小男孩睿智而幽默的答案，是否也同时提醒了许多聪明的大人们：最单纯的思考方式，往往会比复杂的思考方式，更能获得更好的成效。

同时值得我们思考的是，在我们从事推销、教育、新闻媒体等工作时，我们是不是常常太过于重视自己想法的表达，或只着力于事物表面的热切探讨，却忽略了对方的真正需要？

解决任何疑难问题最好的方式只有一种，就是真正能切合该问题的实际，而非自说自话、脱离问题本身的盲目探讨。

所以，今后遭遇任何困境，我们不妨先仔细想清楚问题真正的重点何在？对方的需要又是什么？我们可以通过单纯化的思考，将这种思考模式化，训练成为日常的习惯。经过反复应用，假以时日，您将不会再为问题复杂的表象所困惑，而拥有足够的智慧，得以找出问题解决的答案。

当然，您的这项成长，也就有助你在人的沟通上能够更加得心应手，达到日臻圆满融洽的新境界。

## 非常时期用非常手段

孔子来到蒲国，这时正好公叔氏在蒲国叛乱，蒲人挡住孔子对他说道："你如果不到卫国去，我们就把你送出去。"于是，孔子就和蒲人盟誓绝不到卫国去。为此，蒲人把孔子送出东门。可是，出了东门，孔子就径直向卫国走去。子贡不理解地问道："盟约也可以违背吗？"孔子答道："这是被迫订的盟约，神灵是不会承认的。"

可以看出，对孔子来说，在特殊情况下只要能够到达卫国，你提出什么条件我都可以答应，说假话也在所不辞。

张毅作同州观察判官时，朝廷命他制兵器以供边关作战用。一次，朝廷急令征十万支箭，并限定必须用雕雁的羽毛做箭羽。这种鸟羽价格昂贵，很难购得。张毅说："箭是射出去的东西，什么羽不行？"节度使说："改变箭羽应该向朝廷报告，请求批示。"张毅说："我们这里离京城两千多里路，边关又急需用箭，这怎么来得及呢？如果朝廷怪罪下来，本官承担一切责任！"于是便按新的标准造箭。一日之间，降低了几倍购羽的开支，按时完成了造箭任务。后来，尚书省同意了张毅的做法。

张毅和孔子的行为特点，都可称之为随机应变。但他们所面对的外界环境，并不是白驹过隙稍纵即逝，相对而言，还有一点儿时间用来观察和思考。为此，只要善于进行理性分析判断就可以做到。

有些时候，外界环境的变化极其迅速，令人猝不及防。究竟应做出什么样的反应才是合适的，几乎来不及思考。这时的举措言行，大多依赖直觉和灵感。

春秋时期，有这样一段故事：齐国国君的大公子纠在鲁国，二公子小白在莒国。后来听说国君死了，齐国无君，大公子纠和二公子小白一齐归返齐国，碰巧同时赶到，争先而入。辅佐大公子纠的管仲开弓放箭欲杀二公子小白，但没射中二公子小白，射中了钩。这时，辅佐二公子小白的大臣鲍叔灵机一动，马上让小白倒下装死，躺在车中。管仲以为二公子小白已被射死，便告诉大公子纠说："你可以安稳地坐上国君的宝座了，公子小白已经死了。"这时，鲍叔抓紧时间，立刻驱车最先赶入齐国。于是，二公子小白当了国君。

冯梦龙先生在评价这段故事时说："鲍叔的应变能力真厉害，其心术的运用像疾飞的箭头一样快！"

三国时期的曹操和刘备，堪称一代豪杰。曹操一向嫉恨刘备。有一天，曹操到刘备的住处饮酒闲谈。当谈到当今天下谁称得上英雄时，曹操说道："如今天下的英雄，只有你我两人，袁本初不值一提！"这时，刘备正巧不慎失落筷子，同时，天上打了个响雷，于是刘备对曹操说："圣人说迅雷风烈，必有大变，真是说得对呀！这一声雷的威力，竟把我吓成这个样子了！看来，我真不配当英雄啊！"当时，刘备正客居在曹操手下，每时每刻都在寻找时机，逃出曹营自立门户，担当起复兴汉室的大业。为实现这一目的，他采取了韬晦装蒜的心术。当曹操说他是英雄时，他误以为曹操摸到了一点儿蛛丝马迹，故意以言语试探，为此有些惊慌，随之失落了筷子。这是个意想不到的突发事件，担心曹操很可能由此发现他内心的秘密。这时，老谋深算的刘备，不慌不忙地解释了一番。刘备的解释可谓一箭双雕，既解除了曹操对失落筷子的猜疑，又为他胸无大志、平庸无能的假象增加了一层修饰。

宋文帝的时候，因为连年征战，武器库已为之空虚。有一次宋文帝举行宴会，北国人也在座。闲谈期间，宋文帝偶然问起武器库中的兵器还有几件，这时大臣顾琛立即机警地撒谎应对："还有足够十万人用的兵器。旧武器库秘藏的兵器还不知道有多少。"宋文帝发问完了，追悔自己失言。但得到顾琛随机补救的回答，心里十分欣慰。

# 越关键时刻越要冷静

有人面对危难之事狂躁发怒乱了方寸。而成功者总是临危不乱，沉着冷静地应对危局。之所以能这样，是因为他们能够冷静地观察问题，在冷静中寻找出解决问题的突破口。可见，让发热的大脑冷却下来对解决问题是何等重要。

思考决定行动的方向。那些成大事的人，都是正确思考的决策者。很显然成大事源自正确的决策，正确的决策源自正确的判断，正确的判断源自经验，而经验又源自我们的实践活动。人生中那些看似错误或痛苦的经验，有时却是最宝贵的财富。在你纵观全局，果断决策的那一刻，你人生的命运便已经注定。两智相争勇者胜，成大事者之所以成功，在于他决策时的智慧与胆识，能够及时排除错误之见。正确的判断是成大事者一个经常需要训练的素养。为什么呢？因为没有正确的判断，就会面临更多的失败和危机。在失败和危急关头保持冷静是很重要的。在平常状况下，大部分人都能控制自己，也能作出正确的决定。但一旦事态紧急，他们就自乱脚步，无法把持自己。

一位空军飞行员说："二次大战期间，我独自担任 F6 战斗机的驾驶员。头一次任务是轰炸、扫射东京湾。从航空母舰起飞后一直保持高空飞行，然后再以俯冲的姿态滑落至目的地的上空执行任务。"

"然而，正当我以雷霆万钧的姿态俯冲时，飞机左翼被敌军击中，顿时翻转过来，并急速下坠。我发现海洋竟然在我的头顶。你知道是什么东西救我一命的吗？我接受训练期间，教官会一再叮咛说'在紧急状况中要沉着应付，切勿轻举妄动。'飞机下坠时我就只记得这么一句话，因此，我什么机器都没有乱动，我只是静静地等候把飞机拉起来的最佳时机和位置。最后，我果然幸运地脱险了。假如我当时顺着本能的求生反应，未待最佳时机就胡乱操作了，必定会使飞机更快下坠而葬身大海。"他强调说："一直到现在，我还记得教官那句话'不要轻举妄动而自乱脚步；要冷静地判断，抓住最佳的反应时机。'"

面对一件危急的事，出于本能，许多人都会作出惊慌失措的反应。然而，仔细想来，惊慌失措非但于事无补，反而会添出许多乱子来。试想，如果是两方相争的时候，对方就会乘危而攻，那岂不是雪上加霜吗？所以，在紧急时刻，临危不乱，处变不惊。以高度的镇定，冷静地分析形势，才是明智之举。

唐代宪宗时期，有个中书令叫裴度。有一天，手下人慌慌张张地跑来向他报告说他的大印不见了。为官的丢了大印，真是一件非同小可的事。可是裴度听了报告之后一点也不惊慌，只是点头表示知道了。然后，他告诫左右的人千万不要张扬这件事。

左右之人看裴中书并不像他们想象一般惊慌失措，都感到疑惑不解，猜不透裴度心中是怎样想的。而更使周围的人吃惊的是，裴度就像完全忘掉了丢印的事，当晚竟然在府中大宴宾客，和众人饮酒取乐，十分逍遥自在。就在酒至半酣时，有人发现大印又被放回原处了。左右手下又迫不及待地向裴度报告这一喜讯。裴度依然满不在乎，好像根本没有发生过丢印之事一般。那天晚上，宴饮十分畅快，直到尽兴方才罢宴，然后各自安然歇息。而下人始终不能揣测裴中书为什么能如此成竹在胸，事后好久，裴度才向大家提到丢印当时的处置情况。他对左右说："丢印的缘由想必是管印的官吏私自拿去用了，恰巧又被你们发现了。这时如果嚷嚷开来，偷印的人担心出事，惊慌之中必定会想到毁灭证据。如果他真的把印偷偷毁了，印又何从而找呢？而如今我们处之以缓，不表露出惊慌，这样也不会让偷印者感到惊慌，他就会在用过之后悄悄放回原处，而大印也不愁失而复得。"

从人的心理上讲，遇到突发事件，每个人都难免产生一种惊慌的情绪。问题是怎样想办法控制。

楚汉相争的时候，有一次刘邦和项羽在两军阵前对话。刘邦历数项羽的罪过，项羽大怒，命令暗中潜伏的弓弩手几千人一齐向刘邦放箭，一支箭正好射中刘邦的胸口，伤势沉重痛得他伏下身。主将受伤，群龙无首。若楚军乘人心浮动发起进攻，汉军必然全军溃败。猛然间，刘邦突然镇静起来，他巧施妙计：在马上用手按住自己的脚，大声喊道："碰巧被你们射中了！幸好伤在脚趾，并没有重伤。"军士们听了顿时稳定下来，终于抵住了楚军的进攻。

西晋时，河间王司马颙、成都王司马颖起兵讨伐洛阳的齐王司马同。司马同看到二王的兵马从东西两面夹攻京城，惊慌异常，赶紧召集文武群臣商议对策。

尚书令王戎说："现在二王大军有百万之众，来势凶猛，恐怕难以抵挡，不如暂时让出大权，以王的身份回到封地去，这是保全之计。"王戎的话刚说完，齐王的一个心腹怒气冲冲地吼道："身为尚书理当共同诛伐，怎能让大王回到封地去呢？从汉魏以来王侯返国有几个能保全性命的？持这种主张的人就应该杀头！"

王戎一看大祸临头，突然说："老臣刚才服了点寒食散，现在药性发作要上厕所。"说罢便急匆匆走到厕所，故意一脚跌了下去，弄得满身屎尿臭不可闻。齐王和众臣看后都捂住鼻子大笑不止。王戎便借机溜掉，免去了一场大祸。

正因为王戎很有冷静的头脑，才在危急之下身免一死。此事无疑给后人以启示：遇事要沉着冷静，静中生计以求万全。

## 遭遇嫉妒如何应对

嫉妒是基本人性之一，只不过有的人会把嫉妒表现出来，有的人则把嫉妒深埋心底。

嫉妒是无所不在的，朋友之间、同事之间、兄弟之间、夫妻之间、父子之间，都有嫉妒的存在，而这些嫉妒一旦处理失当，就会形成足以毁灭一个人的烈火，不过我们在这里只谈谈朋友、同事之间的嫉妒。

朋友、同事之间产生的嫉妒大都是因为以下的情况，例如："他的条件不见得比我好，可是却爬到我上面去了。""他和我是同班同学，在校成绩又不比我好，可是竟然比我发达，比我有钱！"……换句话说，如果你升了官、受到上司的肯定或奖赏、获得某种荣誉时，那么你就有可能被同事中的某一位（或多位）嫉妒。女人的嫉妒会表现在行为上，说些"哼，有什么了不起。"或是"还不是靠拍马屁爬上去。"之类的话，但男人的嫉妒通常藏在心里，有的藏在心里就算了，有的则开始跟你作对，表现出不合作的态度。

因此，当你一朝得意时，你应该注意几件事：

——同单位之中有无比我资深、条件比我好的人落在我后面？因为这些人最有可能对你产生嫉妒。

——观察同事们对你的"得意"在情绪上产生的变化，以便得知谁有可能嫉妒。一般来说，心里有了嫉妒的人，在言行上都会有些异常，不可能掩饰得毫无痕迹。只要稍为用心，这种"异常"很容易发现。

而在注意这两件事的同时，你也要做这些事情：

——不要显出你的得意，以免刺激他人，加深他人的嫉妒，或是激起本来并不介意的人的嫉妒。你若过于洋洋得意，那么你的欢欣必然换来苦果。

——把姿态放低，对人更有礼、更客气，千万不可有倨傲的态度，这样就可降低别人对你的嫉妒，因为你的低姿态使某些人在自尊方面获得了满足。

——在适当的时候适当地显露你无伤大雅的短处，例如不善于唱歌、外文很差等等，好让嫉妒的人的心中有"毕竟他也不是十全十美"的心理满足。

——和所有嫉妒你的人沟通，诚恳地请求他的配合。当然，也要指出、赞扬对方有而你没有的长处，这样或多或少可消灭他们的嫉妒。

遭人嫉妒绝对不是好事，因此必须以低姿态来化解。而话说回来，嫉妒别人也不是好事，如果你有了嫉妒之心，又无法消除，那么千万不要让它转变成破坏的力量。因为这种力量会伤人也会伤己，而且嫉妒也会阻碍你的进步。因此，与其嫉妒不如想办法追上对方甚至超越对方。

# 必须要有忧患意识

有句俗话是这样说的"生于忧患，死于安乐"，意思是人在困苦的环境中因为容易激发奋斗的力量，反而容易生存。而在安乐的环境中，因为没有压力，容易懈怠便会为自己带来危难。这句话也可这么解释："人如果时刻都有忧患意识，不敢懈怠，那么便能生存；如果安于逸乐，今朝有酒今朝醉，那么就有可能自取灭亡。"

不管将这句话做何解释，它的基本精神都是一致的："人要有忧患意识！"用现代的流行语言来说，就是要有"危机意识"。

一个国家如果没有危机意识，这个国家迟早会出问题；一个企业如果没有危机意识，这个企业迟早会垮掉；个人如果没有危机意识，必会遭到不可测的横逆。

也许你会说，你命好运好，根本不必担心明天，也不必担心有什么横逆。你还会说，未来是不可预测的，"是福不是祸，是祸躲不过"，既是如此，一切随兴随缘，又何必要有"危机意识"呢？

没错，未来是不可预测的，而人也不是天天都会走好运的，就是因为这样，我们才要有危机意识，在心理上及实际作为上有所准备，以应付突如其来的变化。如果没有准备，发生意外时不要说应变措施，光是心理受到的冲击就会让你手足无措。有危机意识，或许不能把问题消除，但却可把损害降低，为自己找到生路。

伊索寓言里有一则这样的故事：有一只野猪对着树干磨它的獠牙。一只狐狸见了，问它为什么不躺下来休息享乐，而且现在也没看到猎人和猎狗。野猪回答说："等到猎人和猎狗出现时再来磨牙就晚啦!"这只野猪就有"危机意识"。

那么，个人应如何把"危机意识"落实在日常生活中呢?

这可分成两方面来谈:

首先，应落实在心理上，也就是心理要随时有接受、应付突发状况的准备，这是心理准备。心理有准备，到时便不会慌了手脚。

其次是生活中、工作上和人际关系方面要有以下的认识和准备:

——人有旦夕祸福，如果有意外的变化，我的日子将怎么过?要如何解决困难?

——世上没有"永久"的事，万一失业了，怎么办?

——人心会变，万一最信赖的人变心了，怎么办?

——万一健康有了问题，怎么办?

其实你要想的"万一"并不只我说的这几样，所有事你都要有"万一……怎么办"的危机意识，且预先做好各种准备。尤其关乎前程与事业，更应该有危机意识，随时把"万一"摆在心里。心里有"万一"，你自然就不会过于高枕无忧。人最怕的就是过安逸的日子，我曾有一位同事，因为过了整整20年平顺的日子，如今工作技术毫无进展，前进后退都无路。而年已五十，又不甘心沦为人人看不起的小角色。可是后来他还是只能当一个小角色每天混日子。他正是"死于安乐"的最典型的例子。

不知你现在的状况如何，是忧患?还是安乐?忧患不足畏，应担心的是安于安乐而不去忧于忧患。

# 大势所趋

即使是突如其来的横祸，其实大多数也是有预兆的。如果我们善于从一些细小的事件中洞悉趋势的发展，无疑会给我们行事提供一个"趋利避害"的可能。"一叶落知天下秋"，这是孔子的一句名言。意思是，透过细微的现象，可以洞察事物的演变，预测未来的趋向。在复杂的人际交往和激烈的社会竞争中，见微知著的眼光尤为重要。它是胜利的前奏，避祸的法宝，它是人的智慧灵光的闪现。古往今来，有识之士无不重视。

见微知著主要有以下几个方面：

## 1. 察言观色

人的喜怒哀乐难免形诸于色，尽管有人城府很深，掩藏不露，但总不能没有蛛丝马迹。察言观色就成为了解人和事物的一个通用方法。

齐桓公早朝时和管仲商量要攻打卫国，退朝回宫后，一名从卫国献来的妃子看见了他，就走过来拜了拜，问齐桓公："卫国有什么过失？"齐桓公很惊奇，问她为什么问这件事。那妃子说："我看见大王进来，腿抬得高高的，步子迈得大大的，脸上有一种骄横的神气，这都是要攻打某个国家的迹象。并且看到我时，脸色全变了，这分明是要攻打卫国。"

第二天，齐桓公早朝时朝管仲一揖，召他进来。管仲说："大王不想攻打卫国了吗？"齐桓公惊讶地问："你怎么知道的？"管仲笑着说："大王上朝时作了一揖，并且很谦恭，说话的声调很缓和，见到我也面有愧色。我由此判断您改变了主意。"

## 2．行为分析

人是有理性的动物，人的行为大多是有目的有计划的。从一定意义上说，一个人的行为是他的心理活动的结果。而人的心理藏于内心深处，如果本人不愿意流露，很难把握。但心理总是要通过一定的迹象外现出来"寓于内必形之于外"，而人的行为就是心理迹象之一。为此，从现象发现本质，从行为观察心理，就成为识人知事的一条重要途径。

宋朝人陈瓘在一次朝会上，偶然发现了蔡京用眼睛直盯着太阳，很久很久，眼睛都不眨一下。于是，他逢人便说："以蔡京这种神态，以后肯定能够升为显贵。但他目空一切，居然敢和太阳为敌，恐怕得意之后，要独断专横，肆意妄为，心中没有君王。"后来，他做了谏官，就不断地攻击蔡京。可因为蔡京的面目还没暴露，人们都说陈瓘有些过分。后来事实证明，蔡京真的像陈瓘所说的那样。这时，大家才想起陈瓘的话。

三国的时候，东吴武陵郡将樊伷，诱使附近的外族作乱。州都督请求发兵万人征伐他们。孙权召问潘浚，潘浚说："容易对付，五千人足够了！"孙权问："你为什么这样轻视他？"潘浚答道："樊伷善于夸夸其谈，实际上并无真才实学。过去他曾经为州里人整治酒饭，等到下午，酒饭还没吃到嘴里，他十几次站起身来观望，这个小问题可以验证出他是个饭桶。"孙权大笑起来，随即派遣潘浚率兵出征。潘浚果然用五千人斩了樊伷。

## 3．言论判断

从一定的意义上说，语言是一种现象，人的欲望、需求、目的是本质，现象是反映本质的，本质总要通过现象表现出来。语言作为人欲望、需求的表现，有的是直接明显的，有的是间接隐晦的，甚至是完全相反的。对于那些直接表达内心动向的语言，每个人都能理解，而那些含蓄隐晦甚至以完全相反的方式表现心理动向的语言，就不是每个人都能理解的，人与人的差别，也就在这里。若能够举一反三、触类旁通，反过来想想，倒过去看看，最后透过言谈话语发现人的深层动机，那就说明，你比别人聪明得多。

明朝洪武元年，浙江嘉定安亭有一个叫万二的人，他在安亭堪称首富。一次，有人从京城办事归来，万二问他在京城的见闻。这人说："皇上最近作了一首诗，诗是这样的'百僚未起朕先起，百僚已睡朕未睡。不如江南富足翁，日高丈五犹盖被。'"万二一听，叹口气说："唉，迹象已经有了！"他马上将家产托付给仆人掌管，自己买了一艘船，载着妻儿和贵重的细软，向江湖泛游而去。两年不到，江南大族富户都被收缴了财产，门庭破落，只有万二幸免。

## 4．究之情理

所谓究之情理，就是考察事物和行为是否合乎规律。事物的存在和运行都是有规律的，当你发现一个事件或行为是不合乎规律的、反常的，其中肯定另有原因。如果找到了这个原因，便发现了事物的本来面目。

春秋时期，齐国攻打宋国，宋王派臧孙子向南求救于楚国。楚王很高兴，答应得也很爽快。然而，臧孙子却满怀忧虑地回去了。他的车夫问："你求救成功了，怎么还面带忧色？"臧孙子说："宋是小国，齐是大国，为救一个小国而得罪一个大国，这是人们所不愿意的。然而，楚国却很高兴地答应了，这不合情理。他们不过想以此坚定我们的信心，让我们同齐国抵抗，以此削弱齐国，这样就对楚国有好处了。"臧孙子回国后，齐国攻占了宋国的5座城池，而楚国的援军连影子都没见到。

## 5. 由近察远

事物的运行和发展都有其一贯的秩序和规律性，无缘无故、杂乱无章的事物是不存在的。如果我们善于发现、收集并分析整理事物的现象，就能见人所未见，知人所未知。对事物的发展趋势和结局，有一个清晰的把握，即高瞻远瞩、预知未来。

齐国握有实权的田常，通过武装政变，拥立了顺从自己意愿的君主，他自己做了相国。在事变之前，曾发生过这样一件事：

一天，齐国的重臣隰斯弥到田常家来访，田常和他一起登上高台，向四周眺望。东、西、北三面什么障碍物也没有，视野十分开阔，只有南面因为隰斯弥家前的大树挡着而望不远，田常对此什么也没说。隰斯弥回到家后，马上叫家奴们把大树砍掉。但还没砍几下，隰斯弥突然改变了主意，急令停止砍树。家奴们都惊讶地问他原因。他答道："古人说'知道深渊处藏着乌龟是十分危险的。'你们还记得这句话吗？我感觉到现在田常好像在谋划什么大事，如果我们砍了树，他就会认为我这人很细心，可能察觉到他心中的计划，就很危险了。不伐树，不会被怪罪，但若是知道了别人心底的秘密，其罪过可就大了！所以我才让你们住手的。"

这是由近察远的典型例证，给人以深刻的启迪。

伟人和凡人，眼光长远与短视的人，差别只在咫尺之间。就是在那很微小的地方，有的人发现了重要的甚至石破天惊的事件，有的人却视而不见。因此，我们活在世上绝不可忽略小事，往往就在对眼前的一件小事上，就在对一个人举手投足的认识上，不要一失足成千古恨，对此，不可不慎。

# 胜利属于有准备的那一方

战争的爆发，是很难准确预测的，一旦爆发又无法阻挡。而且战争的消耗又是巨大的，这个时候再来做准备，是根本无法应付的。如果事先准备好了，在战争中就能做到有求必应，而不至于使自己输在了第一步。

其实，不仅在战争中，在生活中也是一样的，只要平时能防患于未然，就不会在紧要关头慌了手脚。

春秋末期，智伯联合韩、魏两国军队攻打赵国。

赵襄子和张孟谈商量防御的方法，张孟谈说："董安于是先王赵简子的才臣，过去治理晋阳时，一直因善政被人赞美，其遗风仍留传至今。依我看，还是到晋阳去坚守为好。"

于是赵襄子便转移到晋阳。到了晋阳城才发现，不但城墙不高，仓库没有存粮，府库没有金钱。兵器库没有武器，就连四周的村落，也没有任何防御设施。他不由得大为惊恐，赶紧把张孟谈找来商量。

"在一无所有的状态下，叫我如何来防御敌人呢？"他问道。

张孟谈回答道："圣人之治，储藏财物于民间，而不在府库；致力于教化人民，而不注重营造城墙，这样民则无不心服。因此，如今可下令要人民保留三年的生活必需品，多余的金钱和粮食都交出，让那些年轻的人修筑城池，人民是会服从命令的。"

下令之后，第二天人民就送来了难以估量的粮食、金钱及兵器。5天后，城池修理完毕，一切用具也都重新整治，赵襄子又找张孟谈商量道："一切都已经齐备了，可是没有箭，该怎么办呢?"

"董安于治理晋阳时，官署四周都种植了荻篙等高杆植物，现在已长到一丈多高了，可以用来做箭杆。"张孟谈答道。

赵襄子立即将其砍下，制成箭杆。这箭杆比起洞庭湖产的竹箭，毫不逊色。但有了箭杆却没有箭头，又该怎么办呢? 于是赵襄子又把张孟谈找来说："虽然有箭，但却没有箭头。"

"官署的柱子，是用铜打造的，您尽管使用就是了。"

赵襄子马上利用柱上的铜，来制造所需的箭头，结果粮草兵箭万事齐备。不久，智伯的军队来攻，赵襄子坚守晋阳，最终大破智伯军，并且还将智伯杀死了。

还有一则民间故事，一个大财主一日正撞见有人在他的地里偷红薯。他不仅没有责备小偷，反倒好言相劝。小偷感激涕零，对财主说："我乃一时落难，救命之恩他日必会相报。"财主并未放在心上。若干年后，财主进城做了生意，忽一日在饭店里遇见一人上前拜见，称自己就是当初偷红薯的人，如今已是一个富豪。闻知财主生意一时未得进展，就说："我有一商铺，顾不上经营，可以盘给你。"并叮嘱铺中有一堵影壁，需要时可推倒重修，可能会对他有所帮助。财主接了铺子，对"影壁"之说并未在意。第二年适逢大灾，财主不经意想起这席话，便命人拆去影壁，却发现壁中藏有黄金数两，方知那人报恩于今日，不禁慨叹万分。

可见，"备"不一定是物质上的，更可以备下仁慈之心，或者也可说是所谓的"感情投资"，也许会换来意料不到的回报。

# 第五章　懂得取舍和放弃的智慧

　　有些人因为放不下到手的职务、待遇，整天东奔西跑，耽误了更远大的前途；有人因为放不下诱人的钱财，费尽心思，利用各种机会去大捞一把，结果常常作茧自缚；有些人因为放不下对权力的占有欲，热衷于溜须拍马、行贿受贿，不惜丢掉人格的尊严……如此种种，硬将自己置于逆境之中。

　　如本书之前所说的，人生中有些逆境的实质是"保护性"的，是在提示你别再往前走。前进一步是深渊，后退一步海阔天空。

# 锲而不舍，金石可镂

"锲而不舍，金石可镂。"这是古人留下的一句著名的治学格言，也是为世人推崇的成才之道。

坚持的力量，能够水滴石穿，能够创造一个又一个奇迹。但苦学不辍持之以恒，只是一个人成才的条件之一。而其他条件，譬如机遇、天赋、爱好、悟性、体质诸项也是缺一不可的。如果你研究某一学问、学习某一技术或从事某一事业确实条件太差，而经过相当的努力仍不见效，那就不妨学会"放弃"，以求另辟蹊径。

比如学弹钢琴。据统计，北京上海各有 10 万琴童，全国有多少，不得而知，估计不会少于一百万。要是光弹着玩玩倒也罢了，可是实际上许多家庭都是认认真真地把孩子当个钢琴家来培养的。很多夫妇自认为"这一辈子就这样了"，孩子无论如何也要让他成就一番事业。于是省吃俭用，给孩子置办了一架进口钢琴，立志要培养出一个中国的"肖邦"、"李斯特"。

再如高考，一年一度高考风起云涌，一番拼搏，分出高下，几家欢喜几家愁。受教育资源的限制，不论你如何"锲而不舍"，使尽浑身解数，录取率就决定了必然要有近一半的考生自愿或不自愿地"放弃"上大学的愿望。如果差距不大，偶尔失手，自然不妨厉兵秣马，来年再战。倘若成绩实在差距太大，再考几次也难有多大提高，那就应当机立断，学会"放弃"。有道是"成才自有千条道，何必都挤独木桥"。

人生苦短，韶华难留。选准目标，就要锲而不舍，以求"金石可镂"。但若目标不适，或主客观条件不允许，与其蹉跎岁月，师老无功，不如学会放弃。如此，才有可能柳暗花明，再展宏图。班超投笔从戎，鲁迅弃医学文，都是"改换门庭"后而大放异彩的楷模。可见，如果能审时度势，扬长避短，把握时机。放弃，既是一种理性的表现，也不失为一种豁达之举。

　　生活在五彩缤纷、充满诱惑的世界上，每一个心智正常的人都会有理想、憧憬和追求。否则，他便会胸无大志，自甘平庸，无所建树。然而，历史和现实生活告诉我们：必须学会放弃！

# 人生要会做减法

在墨西哥海岸边，有一个美国商人坐在一个小渔村的码头上，看着一个墨西哥渔夫划着一艘小船靠岸，小船上有好几尾大黄鳍鲔鱼。这个美国商人对墨西哥渔夫抓这么高档的鱼恭维了一番，问他："要多少时间才能抓这么多？"墨西哥渔夫说："才一会儿工夫就抓到了。"美国人再问："你为什么不待久一点，好多抓一些鱼？"墨西哥渔夫不以为然："这些鱼已经足够我一家人生活所需啦！"美国人又问："那么你一天剩下那么多时间都在干什么？"墨西哥渔夫解释："我呀？我每天睡到自然醒，出海抓几条鱼，回来后跟孩子们玩一玩，再跟老婆睡个午觉，黄昏时晃到村子里喝点小酒，跟哥儿们玩玩吉他，我的日子可过得充实又忙碌呢！"

美国商人不以为然，帮他出主意，他说："我是美国哈佛大学企管硕士，我倒是可以帮你忙！你应该每天多花一些时间去抓鱼，到时候你就有钱去买条大一点的船，自然你就可以抓更多鱼。再买更多渔船，然后你就可以拥有一个渔船队。到时候你就不必把鱼卖给鱼贩子，而是直接卖给加工厂。或者你可以自己开一家罐头工厂。如此你就可以控制整个生产、加工处理和行销。然后你可以离开这个小渔村，搬到墨西哥城，再搬到洛杉矶，最后到纽约。在那里经营你不断扩充的企业。"

墨西哥渔夫问："这要花多少时间呢？"

美国人回答："15～20年。"

墨西哥渔夫问："然后呢？"

美国人大笑着说："然后你就可以在家当大款啦！时机一到，你就可以宣布股票上市，把你的公司股份卖给投资大众。到时候你就可以几亿几亿地赚钱。"

墨西哥渔夫问："然后呢？"

美国人说："到那个时候你就可以退休啦！你可以搬到海边的小渔村去住。每天睡到自然醒，出海随便抓几条鱼，跟孩子们玩一玩，再跟老婆睡个午觉，黄昏时，晃到村子里喝点小酒，跟哥儿们玩玩吉他喽！"

墨西哥渔夫回答："这种生活真好，不过我为什么要花几十年的时间去争取？我现在不就是过着这种生活吗？"

人生中，有时我们拥有的内容太多太乱、我们的心思太复杂、我们的负荷太沉重、我们的烦恼太无绪、诱惑我们的事物太众多。我们的人生要有所获得，就不能让诱惑自己的东西太繁多、心灵里累积的烦恼太杂乱、努力的方向过于分散。我们要简化自己的人生，要经常有所放弃，要学习经常否定自己，把自己的生活中和内心里的一些东西果断放弃掉。

如果我们永远循着过去生活的惯性，日常世故的经验，固守已经获得的功名利禄，想要获取所有的权钱职位，什么风头利益都要去争，什么样的生活方式都让我们眼花缭乱，这样我们会疲于应付，把很多时间和精力都花在无谓的纷争和无穷的耗费上。不仅自己的正常发展受到限制，甚至迷失自己真正应该前行的方向。

在人生的一些关口，我们的生命中会长出一些杂草，侵蚀我们美丽丰富的人生花园，搞乱我们幸福家园的田地。我们要学会对这些杂草铲除和放弃。放弃不适合自己的职业，放弃异化扭曲自己的职位，放弃暴露你的弱点和缺陷的环境和工作，放弃实权虚名、放弃人事的纷争、放弃变了味的友谊、放弃失败的恋爱、放弃破裂的婚姻、放弃没有意义的交际应酬、放弃坏的情绪、放弃偏见恶习、放弃不必要的忙碌压力。放弃我们人生田地和花园里的这些杂草害虫，我们才有机会同真正有益于自己的人和事亲近，才会获得适合自己的东西。我们才能在人生的土地上播下良种，致力于有价值的耕种，收获丰硕的粮食，在人生的花园采摘到鲜丽的花朵。

放弃得当，是对围剿自己思想障碍的一次突围，是对消耗精力事件的有力回击，是消除你在更大范围生存和发展中的不利因素。

放弃得当，是对捆绑自己背包的一次清理。丢掉那些不值得你带走的包袱，抛弃拖累你的行李杂物，你才可以行装简便一身轻松地走自己的路。人生的旅程会更加愉快，你可以登得更高行得更远，看到更美更多的人生风景。

# 欲将取之，必先予之

知道自己"有限"的聪明是一件幸运的事。有一个聪明的男孩，有一天妈妈带着他到杂货店去买东西，老板看到这个可爱的小孩，就打开一罐糖果，要小男孩自己拿一把糖果。但是这个男孩却没有任何的动作。几次的邀请之后，老板亲自抓了一大把糖果放进他的口袋中。回到家中，母亲很好奇地问小男孩："为什么没有自己去抓糖果而要老板抓呢?"小男孩回答得很妙："因为我的手比较小，而老板的手比较大，所以他拿的一定比我拿的多!"默想，这是一个聪明的孩子，他知道自己能力有限，而更重要的是他也明白别人比自己强。凡事不只靠自己的力量，学会适时地依靠他人，是一种谦卑，更是一种聪明。但我们更欣赏那种大聪明、大智慧。

第二次世界大战结束后，以美英法为首的战胜国几经磋商，决定在美国纽约成立一个协调处理世界事务的联合国。美国著名的家族财团洛克菲勒家族经商议，果断出资 870 万美元在纽约买下一块地皮，无条件地赠给了这个刚刚挂牌、身无分文的国际性组织。同时，洛克菲勒家族也把毗邻这块地皮的大面积土地全买下了。

对洛克菲勒家族的这一出人意料之举，当时许多美国大财团都吃惊不已。人们纷纷嘲笑说："这简直是愚人之举!"

但奇怪的是，联合国大楼刚刚建成，毗邻它四周的地价便立刻飙升，相当于当时捐赠款额数十倍、近百倍的巨额财富源源不断地涌进了洛克菲勒财团。"欲将取之，必先予之。"洛克菲勒家族敢于先予后取，无疑是"大智若愚"的经典。

敢于放弃，取决于真正的聪明和绝大的智慧。而一切斤斤计较、机关算尽的计谋，归根结底都是"小聪明"，到头来往往是聪明反被聪明误。

## 懂得放弃是一种修养

在日常生活中，对于无用之物的处理往往体现出一个人的思维方式。随着人们生活水平的提高，"物尽其用"的概念已经成为多余。现在，家家都有不少已被更新淘汰但并未完全丧失功能的物品，有些人家舍不得丢弃，日积月累，无用之物越积越多。等到堆放不下了，只能惋惜地集中扔掉，并在疲劳的同时慨叹着"早知今日，何必当初"。

有些人随时淘汰那些不再需要的东西，省去了集中处理的精力，平时家中也显得简洁舒适。其实人生又何尝不是如此，即便过着平凡的日子，也依然会不断地积累。小到一张名片，大到人生撼悟，都是从无到有，积少成多。无论你的名誉、地位、财富、亲情，还是你的烦恼、忧愁都有很多该弃而未弃或该储存而未储存的。人们都喜欢焕然一新的感觉，不学会放弃就无论如何也无法焕然一新。学会放弃也就成了一种境界，大弃大得、小弃小得、不弃不得。学会放弃生命中可有可无的东西，心胸自会坦然。

比如从事证券交易，要以平和的心态介入市场，胸襟坦然大度才能做到旁观者清。股市是一个综合智力的竞技场，股票操作的前提是要善于发现和掌握股市中的规律，才能找到赚钱的方法，因此必须学会放弃。故此不必天天满仓，至少要像农民那样根据不同的季节调整自己的状态，总结积累赚钱的方法。股市中存在赚钱的方法，但又没有必赢或必输的方法，对过去业绩再好的绩优股，一旦发现行情下滑的苗头时就必须舍得放弃，及早抛出以保收益。

有一个聪明的年轻人，很想在一切方面都比他身边的人强，他尤其想成为一名大学问家。可是，许多年过去了，他的其他方面都不错，学业却没有进步。他很苦恼，就去向一个大师求教。

大师说："我们登山吧，到山顶你就知道该如何做了。"那山上有许多晶莹的小石头，煞是迷人。每见到他喜欢的石头，大师就让他装进袋子里背着，很快他就吃不消了。"大师，再背，别说到山顶了，恐怕连动也不能动了。"他疑惑地望着大师。"是呀，那该怎么办呢？"大师微微一笑："该放下就放下，不然背着石头咋能登山呢？"大师笑了。年轻人一愣，忽觉心中一亮，向大师道了谢后轻松地向山顶走去。之后，他一心做学问，进步飞快……其实，人要有所得必要有所失，只有学会放弃，才有可能登上人生境界的顶峰。

很多时候我们羡慕在天空中自由自在飞翔的鸟儿，因为鸟儿们总是欢唱于枝头。跳跃于林间，与清风嬉戏、与明月相伴。饮山泉、觅草虫，无拘无束，无羁无绊。从来没有谁见过鸟们因为对自己不满意而停止了跳跃。

与人类相比，鸟儿面对的诱惑要简单得多。而人类，却要面对来种种诱惑。于是，人们往往在这些诱惑中迷失了自己，从而跌入了欲望的深渊。把自己装入了一个打造精致的"功名利禄"的金丝笼里。这，是鸟儿的悲哀，也是人类的悲哀。然而更为悲哀的是，鸟儿被囚禁于笼中，被人玩弄于股掌之上，仍欢呼雀跃放声高歌，甚至于呢喃学语博人欢心。而人类置身于功名利禄的包围中，仍自鸣得意唯我独尊。这应该说是一种更深层次的悲哀。

人生在世，有许多东西是需要不断放弃的。在仕途中，放弃对权力的追逐，随遇而安，得到的是宁静与淡泊。在淘金的过程中，放弃对金钱无止境的掠夺，得到的是安心和快乐。

古人云：无欲则刚。这其实是一种境界、一种修养。没有太多的欲望，就会活得更加简单、更加洒脱、更加自由。

于是，在滚滚红尘中，怀一颗平和心，挡住各种诱惑；做一件平常事，学会果断地放弃；当一个平凡人，简简单单生活。这也是一种独自享有的人生。如果你总是在诱惑面前而心旌摇曳患得患失，你必然会面对更多的烦恼、更多的不愉快、更多的失意。

传说有一种小虫，每遇一物便取来负于背上，越积越重，又不愿放下一些，终于被压趴在地上。有人可怜它，帮它取下一些负重，它爬起来继续前行，遇物又取之背负如故。它的目的是越过一堵高墙，却气力不支，坠地而死。紧闭的窗户前有一只蜜蜂，它不断地振起翅翼向前冲去，撞上玻璃跌落下来，又振翅飞起撞过去……如是反复不断，直至力竭而死。

人亦如此，较之动物更是固执。人总喜欢给自己加上负荷，轻易不肯放下，自谓为"执着"。执着于名与利，执着于一份痛苦的爱，执着于幻美的梦，执着于空想的追求。数年韶华逝去，才嗟叹人生的无为与空虚。我们总是固执得任性，由"我想做什么"到"我一定要做到什么"，理想与追求反而成为一种负担。冥冥之中有人举着鞭子驱使着我们去追赶，我们追得到什么？就像逐日的夸父始终也没能追上太阳的东升西落。

人生苦短，要想获得越多，就得放弃得越多。那些什么都不放弃的人，是不可能有多少获得的。其结果必然是对自身生命的最大的放弃，让自己的一生永远处在碌碌无为之中。

放弃是一种让步，但让步不是退步。让一步避其锋，然后养精蓄锐以便更好地向前冲刺。

美国幽默大师皮卡说了这样一个有趣的事：他曾经和女友做了一个小测验，说如果同时丢了三样东西：钱包、钥匙、电话本，最可惜哪一样？女友毫不犹豫地选择了电话本，而他毫不犹豫地选择了钥匙。答案说女友是一个怀旧的人，他是一个现实的人。

后来他们分手了，女友的确总被过去纠缠得不快乐，那一段大学时代未果的爱情至今还让她念念不忘。而当年爱情中的他早已为人夫，为人父。女友的心停在了过去，一直后悔当初没有坚持到底，因此，又错过了很多不错的人。

人的情感就是这样，总是希望有所得，以为拥有的东西越多，自己就会越快乐。所以，这人之常情就迫使你沿着追寻获得的路走下去。可是，有一天，你忽然惊觉：你的忧郁、无聊、困惑、无奈、一切不快乐，都和你的奢望有关。你之所以不快乐，是你渴望拥有的东西太多了，或者在这个问题上太执着了。不知不觉你已经执迷在某个事物上了。

韩非子讲过这样一个故事：一个人丢了一把斧子，他认准了是邻居家的小子偷的。于是，出来进去怎么看都像那小子偷了斧子。在这个时候，他的心思都凝结在斧子上了，斧子就是他的世界，他的全部。后来，斧子找到了，他心头的迷雾才豁然开朗，又怎么看都不像是那个小子偷的。仔细观察我们的日常生活，我们都有一把"丢失的斧子"，这"斧子"就是我们热衷而现在还没有得到的东西。

有时候，你明明知道那不是你的，却偏偏想去强求，或可能出于盲目自信，或过于相信精诚所至、金石为开，结果不断地努力，却遭遇不断的挫折，弄得自己苦不堪言。世界上有很多事，不是我们个人的努力就能实现的，有的靠缘分，有的靠机遇，有的我们只能以看山看水的心情来欣赏。因此，不是自己不强求，无法得到的就应该放弃。

懂得放弃才有快乐，背着包袱走路总是很辛苦。我们可以得出这样一个结论：

放弃是一种解脱，放弃是一种释重。但是有很多人难以做到，往往钻进"牛角尖"中去，自寻烦恼。无怪乎有人说："执迷不悟的人，最容易得到的一种东西叫'烦恼'。"

还有一个女孩四年前在朋友的宿舍玩时，一念之差想偷屋里的一副耳环。后来被耳环的主人识破，女孩羞愧难当，从此离开家乡，再也没回去过。

人生有些错误是无法挽回的。有时，需要你付出代价，这个代价就是放弃。外在的放弃让你接受教训，心里的放弃使你得到解脱。生活中的垃圾既然可以不皱一下眉头就轻易丢掉，情感上的垃圾也就无须抱残守缺了。不要总想着挽回，有时人生需要放弃。

放弃是量力而行，明知得不到的东西，何必苦苦相求，明知做不到的事，何必硬撑着去做呢？

放弃需要明智，该得时你便得之，该失时你要大胆地让它失去。老话说："塞翁失马，焉知非福。"有时你以为得到了某些东西时，可能因此而失去了更多；有时你以为失去了不少，却有可能获得许多。不以得喜，不以失悲。尽自己最大的努力去做，如果已经尽力了，还用管它花开花落云卷云舒吗？

# 不要做顽固不化的人

我们形容顽固不化的人，常说他是"一条路走到黑""不撞南墙不回头"。这些人有可能一开始的方向就是错误的，他们注定不会成大事。南辕北辙、背道而驰固然不行，方向稍有偏差也会"失之毫厘，谬之千里"。还有一种可能是当初他们的方向是正确的，但后来环境发生了变化，他们不能适时调整方向，结果只能失败。

杜邦家族就懂得这个道理，他们懂得随机应变。"我们必须适时改变公司的生产内容和方式，必要的时候要舍得付出大的代价以求创新。只有如此，才能保证我们杜邦永远以一种崭新的面貌来参与日益激烈的市场竞争。"这是一位杜邦权威对他的家族和整个杜邦公司的训诫。事实正是如此，世界上很少有几家公司能在为了创新求变而开展的研究工作上比杜邦花费更多的资金。每天，在威尔明顿附近的杜邦实验研究中心，忙碌的景象犹如一个蜂窝，数以千计的科学家和助手们总是在忙于为杜邦研制成本更低廉的新产品。数以千万计美元的科研投入终于换来了层出不穷的新发明：高级磁漆、奥纶、涤纶、氯丁橡胶以及革新轮胎和人造橡胶。这里还产生了使市场发生大变革的防潮玻璃纸，以及塑料新时代的象征——甲基丙烯酸。也正是在这里研制成了使杜邦赚钱最多的产品——尼龙。

那是在 1935 年，杜邦公司以高薪将哈佛大学化学教师华莱士·C. 卡罗瑟斯博士聘入杜邦。此时卡罗瑟斯正在着手研制一种人造纤维，它具有坚韧、牢固、有弹性、防水及耐高温等特性。不久卡罗瑟斯走进杜邦经理室时兴奋地说："我制成人造合成纤维啦。"杜邦的总裁拉摩特祝贺卡罗瑟斯博士取得成功的同时，微笑着对她说："杜邦永远都需要像博士这样善于创新的人。继续努力吧，博士，我们需要更能赚钱的产品。"于是，卡罗瑟斯用了杜邦两千七百万美元的资本，又用了他自己 9 年潜心研究的心血，研制出了更能适应杜邦商业需要的新产品——尼龙。世界博览会上，杜邦公司尼龙袜初次露面就立刻引起了巨大的轰动。

一个真正的企业家不仅要有经营管理的才能，更需要有一种远见卓识的商业预见力。正如杜邦公司第六任总裁皮埃尔所言"如果看不到脚尖以前的东西，下一步就该摔跤了。"的确，在日趋激烈的商业竞争中，如果没有一定敏锐的眼光，不能作出比较切合实际的预见，那企业是很难发展下去的。

第一次世界大战使杜邦公司很快赚了一大笔，然而杜邦并没有满足于暂时的超额利润。早在大战初期，皮埃尔就已意识到天下没有不散的筵席，战神阿瑞斯总有一天要收兵，不再撒下"黄金之雨"。于是他开始使公司的经营多样化，一方面他紧盯着金融界，一心要打入新的市场，开辟新领域；另一方面他必须为杜邦公司开辟一块有着扎实根基的新领域。几经斟酌，皮埃尔选定了化学工业作为杜邦新的发展方向，他要将杜邦变成一个史无前例的庞大化学帝国。

"我们不能在求变创新的同时把企业引向死胡同，我们的创新变革必须有相当充分的依据。"皮埃尔如此说。事实上他的选择也正印证了这一点。杜邦之所以将军火生产转向了化学工业，一则因为化学工业与军工生产关系密切，转产容易，不必作出重大的放弃行为，而且将来一旦烽火再起，再回头生产军火也很方便，不需太大变动；二则其他行业大多被各财团瓜分完毕，唯有化学工业比较薄弱，且潜力极大。事实上，杜邦家族第二代由于经营化工用品而发迹的家史，就证明了这一转变是极为成功的。

　　杜邦不仅要买新产品的生产方法，还要买产品的专利权，甚至连新产品的发明者也一并买回为杜邦效力。1920 年杜邦与法国人签订了第一项协议，以 60% 的投资额与法国最大的粘胶人造丝制造商——人造纺织品商行合办杜邦纤维丝公司，并在北美购得专利权。在法国技术人员指导下，杜邦家族在纽约建立了第一家人造丝厂。人造丝的出现，引起了从发明轧棉机以来纺织工业最大的一次技术革命，导致了 1924 年以后棉纺织业的衰落。杜邦公司又赶紧买进法国人的全部产权，以微小的代价购得了美国国家资源委员会在 1937 年列为 20 世纪 6 大突出技术成就中的一项，它与电话、汽车、飞机、电影和无线电事业居于同等重要的地位。接着，杜邦公司如法炮制，将玻璃纸、摄影胶卷、合成氨的产权买回美国，一个真正的化学帝国建立起来了。

　　当第二次世界大战的乌云在欧洲云集的时候，杜邦公司又一次适时求变，大刀阔斧地转向军火工业，大转换速度之快足以令人瞠目结舌。一年之间，杜邦公司召集了三百个火药专家，将庞大的化学帝国变成了世界上最大的军火工业基地。

　　杜邦在生产内容和方式上的创新及前面讲过的形象改变，是杜邦家族半个多世纪以来得以保持辉煌的关键。否则，他们一家早在人们的骂声中败落了。

# 明确自己的目标

逆境中的每个决定都很重要。但是，如果同时有好几个问题出现，都需要你在第一时间做出决定时，怎么办？

此时你应仔细斟酌后，择重弃轻，选定一个最重要的决定，然后集中精力去做。其他的决定或许对你也很重要，可是你毕竟一次只能做一个决定，因此，应把其他决定摆在第二位，如果时间不允许，那就放弃吧，这就是所谓的"弃车保帅"。

例如，你正在做菜，当锅里的汤沸腾时，门外正好有人敲门，而你的孩子也正巧在这个时候打破一个杯子，手被划破了痛哭不止。这个时候，你必须选择一个最重要的目标，先去处理一个问题，再处理第二个问题。也就是说，在第一时间里，你只能采取一种行动。这时正在厨房的你，听到孩子的哭叫声和门铃声，应先把煤气炉上的火关掉，接着就去帮孩子包扎最后再去门边，看看是谁在按门铃，就算叫门的人等得不耐烦走掉了也没关系。

在这个例子中，先处理已经沸腾的汤锅是个正确的做法。因为孩子的手被划破了，虽然一直哭着，但一般来说伤口都不会太严重，而锅里沸腾的汤水一旦溢出来浇熄炉火，就很可能让煤气外泄，造成煤气中毒或者爆炸。

通常在这种情况下，你能思考的时间或许只有几秒钟，如果你潜意识里没有这种"弃车保帅"的反射模式，加上又急又慌，很容易把事情搞得一团糟，甚至酿成悲剧。

现实生活中，有些火灾或煤气外泄的惨案，就是家庭主妇在面对这类同时到来的问题时慌了手脚，没有处理好问题所致。因此，不管你所面对的问题有多重要、多紧急，你一定要急中生智，迅速决定去做最重要的事，这样才能减少那些不必要的损失。

事实上，我们每个人的智慧都相差无几。成功的人，都是充分运用脑力进行有效思考的人。或许你以前不会很在意运用脑力这回事，认为这并不重要，那是因为你还没遇到一些繁杂的问题。当你面临做一个大决定的时候，或是遇到一个大场面，你没有习惯迅速规划脑力资源，可能就会做不出决定，就算做出决定，也不是个好决定。

有明确的目标，且能持之以恒地专注，是成功人士的必经之路。林肯专心致力于解放黑人奴隶，并因此使自己成为美国最伟大的总统。伊斯特曼致力于生产柯达相机，这为他赚进了数不清的金钱，也为全球数百万人带来了不可言喻的乐趣。

远离喧嚣，静下心来，问自己："你想要一个怎样的人生，你的目标是什么？为了实现目标，你需要做出哪些努力？"慢慢地，你会把所有精力都集中到你的目标上。全身心投入其中，你会发现人生的乐趣。

# 方向不对，努力白费

有些逆境并非你不够努力，也并非没有机会，而是你根本就上错了舞台。你的才能就是你的天赋。你能做什么？这是你必须面对自己的问题。如果一个人的位置不当，无法在工作中发挥自己的长处，他就会处在永久的卑微和失意中。

"瓦特！我从来没有看见过像你这样无聊的年轻人。"他的祖母劝说着："念书去吧，这样你才会有用一些。我看你半个多小时一个字也没念，你这些时间都在干什么？把茶壶盖揭开又盖上，盖上又揭开干什么？用茶盘压住蒸汽，还加上匙子，忙忙碌碌。浪费时间玩这些东西，你不觉得羞耻吗？"幸亏这位老夫人的劝说失败了。瓦特受蒸汽顶起壶盖现象的启发，从而发明了蒸汽机，全世界都从他的失败中受益匪浅。

伽利略是被送去学医的。但当他被迫学习解剖学和生理学的时候，他还藏着欧几里得几何学和阿基米德数学，偷偷研究复杂的数学问题。当他从比萨教堂的钟摆上发现钟摆原理的时候，他才18岁。再也没有什么比一个人热衷的事业使他受益更大的了。这种事业磨炼其肌体，增强其体质，敏锐其心智，纠正其判断，唤醒其潜在的才能，迸发其智慧，使其投入生活的竞赛中。

在你选择职业时，切不要考虑怎样赚钱最多，怎样最能成名，你应该选择最能使你全力以赴的工作，应该选择最能使你的品格发展得最坚强和最善于团结人的工作。

戴维·布朗，是美国最成功的电影制片人，他曾先后三次被三家公司解雇过。他觉得自己不适应在商业销售的公司工作，就到好莱坞去碰运气。结果若干年后，一举发迹成为 20 世纪福克斯电影公司的第二号人物，后来由于他力荐拍摄《埃及艳后》，这一耗资巨大的影片造成公司财务危机，他被解雇了。

在纽约，他应聘出任美国图书馆副主任，但是，他跟上级派来的同僚格格不入，结果又被解雇了。

回到加利福尼亚后，他在 20 世纪福克斯公司复出，在高层干了 6 年。然而，董事会并不欣赏他所举荐的片子，他又一次被解雇了。

布朗开始对自己的逆境进行反思：敢想敢说，勇于冒险，锋芒毕露，他的作为与其说是雇员，倒不如说更像老板，他恨透了碍手碍脚的管理委员会和公司智囊团。

找到了失败的原因以后，布朗重新开始独自创业经营，连续拍摄了《裁决》《茧》等一系列优秀影片，获得了巨大的名气与收益。由此可见，当年布朗并非是个失败的经理，他是个潜在的企业家。他当初的逆境是因为他的性格、作为跟环境及职业不协调。

三百六十行，行行出状元。选对自己为之拼搏的舞台极为重要。选对了，可以成为成就事业的基础；选不对，将会遇到不少弯路及坎坷。所以在确定职业之前，应该考虑你所从事的职业是否符合自己的志向、兴趣和爱好。与所学专业是否相近，还要考虑其社会意义和未来发展前景如何，必要的工作环境和保障条件如何。

首先认清现实的处境。现实需要生存的本领、竞争的技巧和制胜的捷径，要勇于面对社会无情的选择或残酷的淘汰。这个时候，你在选择别人，别人也在选择你，没有退路，只有向前走。要认识到有成功者就有失败者，这很正常。千万不可争强好胜，钻进牛角尖出不来。遇到难题,不妨换一个角度思考,试试把自己的位置放低一点,说不定很快就能柳暗花明了。

其次要结合自己的兴趣。兴趣,是一个人力求认识、掌握某种事物、并经常参与该种活动的心理倾向。有些时候,兴趣还是学习或工作的动力。当人们对某种职业感兴趣,就会对该种职业活动表现出肯定的态度,就能在职业活动中调动正面心理活动的积极性,表现出开拓进取,刻苦钻研努力工作,有助于事业的成功。反之,如果对某种职业不感兴趣,硬要强迫做自己不愿做的工作,这无疑是一种对精力、才能的浪费,也无益于工作的进步。

再者要符合自己的性格。性格是指一个人在生活过程中所形成的、对人对事的态度和通过行为方式表现出的心理特长,是一种生活态度也是行为习惯。譬如有的人对工作总是赤胆忠心、一丝不苟,踏实认真;有的人在待人处事时总是表现出高度的原则性,坚毅果断,有礼貌,乐于助人;有的人在对待他人的态度上总是表现出谦虚、自信的特质。人的性格的差异是很大的。有的人傲气、泼辣;有的人热情、活泼;有的人深沉、内向;有的人大胆自信而耐心细致不足;有的人耐心细致有余而大胆自信不足等等。性格是由各种不同特征所组成的,性格与气质不同,其社会评价有明显的好坏之分。性格对气质有深刻的影响。在一定程度上性格能够掩饰或改造气质。性格还对能力的形成和发展起着制约作用。社会上几乎每一种工作都对性格品质有着特定的要求,要选择某一职业就必须具备这一职业所要求的性格特征。例如:作为一名文艺工作者,除了要具备这一职业所要求的气质、能力外,其性格应具有活泼、开朗、情感丰富的特征;作为一名教师除了具有丰富的知识外,还应具备热爱学生,对工作热情负责，正直、谦逊、以身作则等良好品质；作为医生则被要求有人道主义精神，富有同情心、责任感和一丝不苟的工作态度。实践证明，没有与职业要求恰当的良好的性格品质，很难顺利地适应工作。

最后要根据自己的能力。能力直接影响工作的效率，是工作顺利完成的个性心理特征。它可以分为一般能力和特殊能力。例如，观察力、记忆力、理解力、想象力、注意力等属于一般能力，它们存在于广泛的工作范围；而节奏感，色彩鉴别能力等属于特殊能力，它们只会在特殊领域内发生作用。社会上的任何一种职业对从业人员的能力都有一定的要求，如果缺乏某种职业所要求的特殊能力，即使你有机会真的吃上这碗饭，也难以胜任工作。所以，在选择职业时绝不能好高骛远或单从兴趣出发。要实事求是地检验一下自己的学历程度和职业能力，这样才能找到"有用武之地"的合适工作。对于会计、出纳、统计等职业，工作者必须有较强的计算能力，过于"豪放"的"粗放能力"就不适于干这类工作；对于工程、设计、建筑规划甚至裁缝、电工、木工、修理工等职业的工作者，需要具备对空间判断的能力和抽象思维能力；而对于驾驶员、飞行员、牙科医生、外科医生、雕刻家、运动员、舞蹈家等职业工作者则要具备手眼与肢体的协调能力。

上错了舞台的人，无论怎样卖力地表演，都演不出一出好戏。迎接他的，也许是台下扑面而来的嘘声与矿泉水瓶。

# 保持激情，正确面对得失

在生活中，人生最大的挑战之一就是：如何保持对生活的激情，远离毫无目的的生活，远离没有抱负的日子。确定奋斗目标，永远让炽热的火焰燃烧，并且保持这种高昂的境界，你就一定会获得成功。

布莱克说："辛勤的蜜蜂永没有时间悲哀。"

在现实生活中，很多人对人生没有明确的目标和抱负，对自己的人生从来都没有过设计与规划，有的只是一天天的得过且过，过了就忘。在脑海中有这种人生态度的人，不要说取得全面的人生成功，即便在某一领域干上十年八年，或者是一辈子，都不会取得很大的成就。

在生活的海洋中，随处都可以看到这样一些年轻人：只是毫无目标地随波逐流，既没有固定的方向，也不知道停靠在何方，以至于在浑浑噩噩中虚掷了多少宝贵的光阴，荒废了多少青春的岁月。他们在做任何事时不知道其意义的所在，只是被挟裹在拥挤的人流中被动前进。如果你问他们中的一个人打算做什么，他的抱负是什么，他会告诉你，他自己也不知道到底去做什么，到底想要什么。没有目标，没有理想，没有抱负，有的只是在那儿漫无目的地等待机会，希望以此来改变生活。

逆境是成长必经的过程

不经历风雨，怎么见彩虹。从来就没有那么一些懒惰闲散、好逸恶劳的人曾经取得多大的成就。只有那些在达到目标的过程中面对阻碍全力拼搏的人，才有可能达到全面成功的巅峰，才有可能走到时代的前面。对于那些没有勇气去面对困境的人，对于那些从来不尝试着接受新的挑战，无法迫使自己去从事那些对自己最有利却显得艰辛繁重的工作的人来说，他们是永远不可能有太大成就。因为成功之路从来都不是随随便便就可以走出来的。

佛说："逆境是成长必经的过程，能勇于接受逆境的人，生命就会日渐茁壮。"

每个人都应该对自己有一个严格的要求，不能一有时间就去无所事事地打发宝贵的时光。不要等到岁月流走之后，才去思考曾经走过的路是有意义还是没意义；不要等到中年时候，才去思考年轻时如果找点事情做，或许现在自己已经成功了；不要在不该开花的时候开花，在刚刚结果的时候采摘果实。做违背自然规律的事情，注定是没有好结果的。

很多人之所以会失败，是因为心中没有伟大的理想与切合实际的目标。绝大多数胸无大志的人之所以失败，是因为他们太懒惰了，身上根本就没有具备成功的素质与条件，所以他们不可能会成功。他们不愿意从事辛苦的工作；不愿意付出代价；不愿意作出必要的努力。他们所希望的只是过一种安逸的生活，尽情地享受现有的一切。在他们看来，为什么要去拼命地奋斗、不断地流血流汗呢？何不享受生活并安于现状呢？如果在一个人的脑海里，存在有这种思想的话，他的一生注定是平淡的，除非他改变思维，重新来过。

生活中到处都可以见到这样一些人，他们有着最精良的设备，具备一切理想的条件，他的面孔让身边的人看起来似乎也正要整装待发。可是，他们的脚步却迟迟不肯挪动，所以，他们并没有抓住最好的时机。这一结果的发生原因就在于他们心中没有动力，没有远大的抱负来支撑他们努力勇敢地走下去。

大家都知道，如果一块手表有着最精致的指针，镶嵌了最昂贵的宝石，无疑，在人们眼中它是珍贵的。然而，如果它缺少发条的话，它仍然一无是处，没有价值可言。同样，人也是如此，不管一个年轻人受过多么高深的大学教育，也不管他的身体是多么的健壮，如果缺乏远大志向的话，那么他所有其他的条件无论是多么优秀，都没有任何意义。契诃夫说：我们以人们的目的来判断人的活动。目的伟大，活动才可以说是伟大的。这个目的其实就是自身的心中的抱负。

有这样一个故事，故事发生在1961年，当时苏联驻南极工作站唯一的医生得了急性阑尾炎，在那冰天雪地的南极，不可能指望有什么人前来援助，怎么办？如果自己病倒了，其他科考队员的生命出现问题了怎么办？科考工作还要继续进行下去，自己是绝对不能出现问题的。这位医生以坚强的意志和非凡的毅力，决定自己给自己做切除阑尾手术，终于把自己从死神手中夺了回来。

这是一个真实的故事，同时也说明，人的意志力可以非常坚忍，意志的作用也是非常强大的。当然，人的意志也不是天生就有的，它需要人们在实践中去磨炼，尤其是要在战胜困难与挫折中去提升。这时候，支持心中力量的就是远大的理想。远大的理想与抱负是战胜困难的巨大动力。

一个人的意志坚忍性如何，遇到困难是打退堂鼓还是战而胜之，与其有没有崇高的理想抱负有直接的关系。一个有理想、有抱负的人，不管遇到什么艰难困苦，都会坚忍不拔、坚定不移地朝着既定目标迈进。因为在他们心中，理想抱负是人生的最大价值，为了实现自己的远大理想，吃再多的苦、流再多的汗，也是值得的。

保持对生活的激情

也许每个人有都有这样的体会，在小时候，每个人的梦想都很大，每个人都敢去想。雄心抱负通常在我们很小的时候就初露锋芒。但是，如果我们不注意仔细倾听它的声音，不给它注入能量，如果它在我们身上潜伏很多年之后一直没有得到任何鼓励，那么，它就会逐渐地停止萌动。原因其实很简单，这就像许多其他没被使用的品质或功能一样，当它们被弃置不用时，它们也就不可避免地趋于退化或消失了。

人的思想是一种很奇怪的东西，你经常不断重复一件事，然后不断重复地去做一件事，你才能把它做好，这是自然界的一条定律。只有那些被经常使用的东西，才能长久地焕发生命力。一旦我们停止使用我们的肌肉、大脑或某种能力，退化就自然而然地发生了，而我们原本所具有的能量也就在不知不觉中离开了我们。这其实就是人的一种惰性，身体上的懒惰懈怠、精神上的彷徨冷漠、对一切就都放任自流的倾向、总想回避挑战而过一种一劳永逸的生活的心理——所有这一切便是那么多人默默无闻、无所成就的重要原因。

对那些不甘于平庸的人来说，养成时刻检视自己抱负的习惯，并永远保持高昂的斗志，这是完全必要的，要知道，一切都取决于我们的抱负。一旦它变得苍白无力，所有的生活标准都会随之降低。我们必须让理想的灯塔永远点燃，并使之闪烁出熠熠的光芒。

歌德说："你若要喜爱你自己的价值，你就得给世界创造价值。"

但是，理想和抱负也是需要浇灌滋养的，这样才能保持它四季常青，蓬勃常新。抱负还要切合实际，空虚的、不切实际的抱负没有任何意义。只有在坚强的意志力、坚忍不拔的决心、充沛的体力，以及顽强忍耐力的支撑下，人们的理想和抱负才会变得切实有效，并能达成自己的抱负。

东汉末年，年轻的鲁肃（三国吴国名将）领着一批游手好闲的人在打猎玩耍。几个白胡子老汉站在村口，摇头叹息："老鲁家活该破败，养了这么个败家子。"

鲁家本是当地的世家大户，广有钱财。鲁肃在年轻时，他的父母死了。之后他便放下诗书、舞枪弄棒、骑马射箭。他不但自己玩，还把附近游手好闲的人招到家里，给吃给穿，银钱花得像流水似的，好端端的家业眼看就要被他这样挥霍一空。但是，这样做也有一个结果，就是鲁肃他也得个"礼贤好士"的名声，另一个好处就是他锻炼个结结实实的身体。

其实，鲁肃这样做也是有原因的。因为他生活在汉末的社会，矛盾重重，天下将乱，所以他决心练好身体和武艺，准备以后为国出力。正是这种眼光远大、怀有抱负的表现，让他在不久出现的军阀混战中，能组织村中百人保护乡亲父老。接着他渡长江，投奔孙权，屡屡建立战功。后来，他当了"水军大都督"，统领东吴的兵马，成为一代名将。

对于任何一个人来说，不管自身的条件是多么的恶劣，现在所处的环境是多么艰难。只要保持了高昂的斗志，热情之火仍然在熊熊燃烧，就有大的希望。但是，如果他颓废消极、心如死灰，那么，人生的锋芒和锐气也就消失殆尽了。

人本身就好比一个气球，而激情就是给气球里面充的氢气。激情越多，人的精神就会越饱满，就会飞上天空。没有激情的话，人就是一个干瘪的气球，毫无生气。激情是一种激发人们奋斗的激素，是一种心理反应，对人们是否能够全身心地投入工作有很大的影响。

# 第六章　唤醒你的无限潜能

　　我们每个人的身体内部都蕴含着相当大的潜能，如同一座沉睡的火山。爱迪生曾经说："如果我们做出所有我们能做的事情，我们毫无疑问地会使自己大吃一惊。"

　　成功学大师戴尔·卡耐基认为：那些优秀的人，只不过是懂得如何充分挖掘自身潜力的人而已。一个人的潜能是无穷的，特别是在一个人身处危急的逆境时，潜能的迸发足以改变一切。

# 开启潜能这座宝藏

一说到财富，以前的人们就马上联想到阿里巴巴通过"芝麻开门"进入的宝洞，或是基度山上那富有传奇、幻想气息的珠宝；当代人呢，不由得幻想起美国百老汇大街的富佬们、中东石油王国的主人，甚至在太平洋上文莱那金子铺成的王宫，这些无疑是财富的象征，但并不是真正的财富，总有一天会用光的，而那无穷无尽的财富在哪里呢？它就在地球上每个人的头脑中，无论你发现了多少金矿、银矿、钻石矿或石油、天然气，挖出来的财产总及不上 IT 业的奇才比尔·盖茨的一个念头。每一个人都有一座无穷的潜能宝藏，只要自己善于去挖掘这座宝藏，你肯定会成为世界上最富有的人。

曾经有一段资料报告中说，人的潜能到底有多大？一个人的潜能大概只开发了大约 10% 或 5%，像爱因斯坦这样聪明的人，他的潜能大概只开发了 12% 左右，只比一般人多了 2%。

连这么成功的人都只开发了 12% 的潜能，人的潜能到底有多大？于是这个报告中说一个人如果开发了 50% 的潜能，他到底能做哪些事情呢？他大概能背 400 本的《百科全书》，堆起来能有好几个房子那么高；大约可以念完十几所大学，还可以念十七八种不同国家的语言，这是多么惊人的一件事情啊？400 本百科全书加上十几所大学，再加上十几国的语言，可见人的潜能到底有多大，这是任何人都想象不到的。可是一般人都认为自己只能这样而已，无法再发挥了，无法再到达极限了。这样浪费资源，尤其是自己大脑的资源，是非常可惜的。

　　日本的《朝日新闻》有一则报道：一位妈妈有一个9岁的女儿，因为她已经跟她先生离婚了，她跟她小女儿相依为命。女儿每天早上起来的时候，都会很高兴地看她妈妈，拥抱她妈妈。

　　有一天她妈妈要去买菜，她知道女儿10点才会起床，于是她计算好9点去买菜，10点以前回到家里面就可以了。没想到她女儿9点半就起床了，当她女儿起床看不到妈妈时非常着急，就大声地叫："妈妈……"她妈妈去买菜当然听不到，于是小女孩到处找，最后跑到阳台上去找，这时她看见妈妈回来就大声叫："妈妈!"而她妈妈看到她女儿，怕女儿掉下来，就挥着手喊她女儿不要跳。由于她女儿看不懂她妈妈的手势，以为妈妈让她跳下来，就往下跳，当她妈妈看见女儿往下跳，火速跑过去把女儿接住了。可是当时她妈妈不可能在1秒~2秒之内跑一百多公尺的距离。这个新闻发布出来以后，立刻震惊了整个日本，很多新闻界的记者采访她们，都说不可能，所有的记者都不相信。她妈妈说再试一次，可是不能拿她女儿试，就拿枕头试一试，把枕头装上一样重量的棉花，拿到四楼，当上面试验的人一喊开始，她妈妈跑不到一半这枕头就掉下来了，根本接不到。她妈妈说："我当时真的跑过去接到了，你看我女儿还在这里。"

　　当时找到日本跑得最快的选手来试试看，结果一开始跑，枕头就掉下来了，根本没有人能做到。

　　后来心理学家分析了这一奇特的现象，原来她妈妈跟她爸爸离婚了，女儿是她这一辈子唯一的精神支柱，唯一心爱的宝贝，如果失去女儿，她一切都没了。所以她非常珍爱她的女儿，她把女儿视为生命中的一切。在这个时候，她看见女儿快掉下来了，她就发挥她生命中的最大潜能，用尽生命中这股潜能使她接住了她女儿。

　　类似这样的例子有很多，只要真正找到你所想要的，而且对它有强烈的渴望，愿意全力以赴去做它，任何事情都是办得到的。

　　我们试想，假如当时是一位邻居走在路上看见她女儿掉下来了，她的邻居会在一两秒之内跑过去吗？我想不太可能，她的邻居可能一跑，女孩儿就掉下来了，她可能心想自己跑不过但已经尽力了，换任何人都做不到。

　　所以，身处逆境中的人，只要把突破逆境当作是你生命中最重要的事情，把它当作你的女儿、儿子，甚至你的生命一样去对待，我相信你就能发挥你生命中的潜能。

## 制作自己的梦想板

我们说过，人有无法估量的潜能。那么这些潜能又是如何发挥出来的呢？这就是要人们找到适合自己发展的方向。寻找发展的方向，也就是找到自己的目标。

有目标的人生才是有意义的人生，那么什么是我们的目标、方向呢？大家大概不会忘记，小时候我们写的作文题目往往是"我的理想""我的志愿之类的"，我们那时是要成为医生、教师、科学家的。

一般人在成年前或成年之后，都大致有了怎样走自己人生之路的想法，而此后所做的一切不过是围绕和实现这些想法而已。当一个人打定主意要经商时，他懂得如何订立计划，如何向银行或股东贷款。

许多人之所以碌碌无为，不是因为没有本事，而是因为他的人生没有目标、没有方向，漫无目的闯荡了一生。

寻找发展自己的方向，换句话说，也就是为自己确立目标。确立目标该注意些什么呢？我们一定要将自己的眼光放远大些，看看别人的成就，增加见识，自己的志向自然也就大了。目标又有多方面的，如健康、体重、财富、职业、家庭等，都要有计划和目标。在确定目标时还要切忌好高骛远、脱离实际。就像短跑一样，目标近在咫尺，才会产生吸引作用。

许多成功者在实现目标的过程中，几乎都在使用一个方法来帮助自己开发潜能，这就是用目标视觉化的力量。目标视觉化有相当多的方法，其中一个最简单的方法就是使用梦想板。我个人使用梦想板已经有两三年的时间了，每一次我都为我自己定的目标找一个适当的图片，贴在梦想板上持续地看它，几乎只要能贴上我都能够实现。

我看到杂志，有一套很漂亮的西装图片我也把它剪下来，手表图片我也剪下来，把想买的任何家具图片也剪下来，一直到现在我穿的西装、戴的手表、家里用的家具几乎都是我贴过的图片。

第二个方法，早上、晚上起床的时候，把你的目标在纸上不断重复地写。要写多少遍？台湾成功学大师陈安之说："早晚起床的时候一定要把目标写十遍。"世界首富"钢铁大王"安德鲁·卡内基，他也是采用同样的方法，只不过他是把目标写1000遍。

几乎越成功的人重复的次数就越多，他们可能不知道，但是他们都用了这个方法。我访问过很多人，他们也许没有上过这样的课程，看过这样的书籍。但是他们无意间或多或少都使用了目标视觉化的方法。

有时候，我刚刚贴上梦想板的一个图案，竟然没多久，就会有人把我的梦想当作礼物送给我，我发现这非常奇妙。记得我以前年收入还没有到十万的时候，我就天天梦想能赚到 10 万块，可是一直都没有实现，当我拿了很多的钞票，拿相机把它拍下来，然后上面写着十万块年收入，把它贴到我的梦想板上后，不到一年我就实现了。

潜意识的力量实在是太惊人了，今天不妨把你的目标做成图片，剪下来，贴出来。每天想象，每天看它，早晚输入到你的潜意识里面来影响自己。

如果你有一片肥沃的土地而不用它是非常可惜的，天长日久它会杂草丛生，做内在的潜意识的规划，就是要好好耕耘你这份土地，千万不要让它荒芜了。假如好的东西你不种进去，坏的东西你又不敢种，早晚你的潜意识会杂草丛生的。

　　你去尝试，你就会有意想不到的结果，不管什么目标都是可以实现的。这一点对身处逆境中的人尤其重要。

## 在心里构建未来的蓝图

心理学家近几十年来，有一个非常伟大的发现：他们发现宇宙中有一股非常伟大的力量，叫作想象力，也就是你可以借助自己不断地想象，而成为自己理想中的人物。

一幅心灵图画，胜过千言万语，任何图画只要你相信它，用你的信念支撑它，你的潜能就会令它实现，这是非常有名的潜能专家摩菲博士说的。

你心里面的想象就是你未来的蓝图，无时无刻都要借助你的想象、你的构思、你所接受的信念和你心中不断重复的画面，来营造一个光辉灿烂的未来。这个未来是健康的、是成功的、是充满财富的，是非常快乐的，这就是你天天都要想象你目标的方法。

有一个人叫麦克·强生的运动员，是 1996 年亚特兰大奥运会400 米、200 米短跑的双料冠军。他花了 10 年的时间，让 200 米提高了一秒半。这"一秒半"虽花了他 10 年的时间，可是却让他脱离了平庸、迈向了伟大。这一秒半让他成为有史以来 200 米和 400 米两个不同项目的冠军由一个人独享的传奇，使他成为全世界跑得最快的人。使他由一个默默无闻的无名小卒，一跃成为年收入千万美金的名人。

在麦克的自传里他说，在比赛前，他立刻想象自己是一台充满动力的机器，有完美的设计，里面有完美的构造，完全可以完成眼前的任何任务。

为什么有那么多人会失败呢？因为大部分的人都把想象力用在想象惧怕和失败上面，他们每天都在想自己万一失败怎么办？

万一没钱怎么办？万一下岗怎么办？万一破产怎么办？他们做每一件事情都在想被拒绝的画面、失败的画面、不会成功的画面。

推销员在上门之前都在想别人不会买他产品的画面，甚至泼他冷水的画面；男孩子在追求女孩子的时候都在想象被女生拒绝的画面，甚至想象女生不理他的时候的那副沮丧样子。

我遇见一位朋友，他说他跟女朋友交往了 10 年了，就是不求婚。我说："你们都相爱为什么不敢结婚呢？"他说："她万一拒绝我怎么办？"为什么有这么多人把自己想象力用在失败上面呢？你想象失败就会有失败的结果。

有一次，某保险公司的一位新进业务员问主管："为什么我没有办法顺利的成交每一笔生意呢？"

主管跟他说："你只要开口就行。"他说："开口求人家，有这么容易吗？"

主管说："就这么容易。"他说："那万一别人拒绝怎么办？"

主管就问他："那万一成功了怎么办？万一别人答应你怎么办？你为什么没有这样想过呢？"他说："可总要考虑失败呀？"

主管说："既然考虑，为什么不考虑成功呢？"

隔天，该业务员就打电话给主管，告诉主管说："昨天听了你那几句话以后，我决心突破自我，开始要求别人签单，今天我签下了三个保单！"

任何人都要打破自我限制，也许这样就可以令你明天发生一些意想不到的奇迹。改变一个想法，头脑中的画面改变了，他的行动就改变，他的成就就改变了。

所以，天天想着你所有的目标，每天早晚不但要写，要看着你的梦想板，同时头脑里还要发挥想象力，启动头脑中的录像机，开始做一个心灵目标的预演，这会让你脱离逆境，迈向成功。

# 成功需要强烈欲望

到底什么是强烈的欲望呢？美国 NBA 飞人乔丹在 17 岁的时候就梦想将来进入 NBA 球队打球。于是他就做了一个计划，他必须先进入高中球队，然后考上大学之后再进入大学球队，这样才有可能进入 NBA 球队。于是，他就报考了高中球队。

教练后来告诉他："乔丹，你不能参加球队。"乔丹就问："我为什么不能参加球队？"教练说："因为你的身高太矮了，你只有一米七。"乔丹说："你不让我参加球队无所谓，你只要让我跟球员们一起练球，我可以不上场比赛。可是我想跟他们练球，我愿意在他们下场时替他们倒水、替他们擦汗、替他们整理球场，愿意做一切的事情，只要让我同他们一起练球就可以了。"于是，教练答应他。

当乔丹开始参加球队的时候，真的每天练球比谁练的都晚。他除了帮队员们倒水、擦汗之外，他坚持在场上练球，一直练到天黑别人都回家了，他仍然在练球，有时三更半夜就睡在球场上。历经了 3 年的时间，一直到高中毕业的时候，乔丹去报考大学的球队终于被录取了。当时他去测量身高居然达到了一米九八。

更加不可思议的是，他的父亲竟然说："我们乔丹家族没有一个人超过一米七五的。"乔丹为什么能长到一米九八呢？他的父亲分析说："完全是乔丹强烈的欲望所导致的。"

要经常培养自己强烈的欲望，经常与成功者交往，阅读成功者的传记，经常去增加你的见识。看那些成功者，他们同样是人，他们为什么过着比较好的生活？过得比较快乐？他们可以享受人生中可以享受到的一切，而我们为什么不行？

当我们能够持续培养我们的欲望的时候，强烈到想立即拿出积极的行动的时候，然后不断强化欲望，让你的行动不断地坚持，一直到成功为止。

有一次我听到一个笑话：有一个人在养羊，有人就问他"你为什么要养羊呢？"他说："养羊为了挣钱啊！"这个人又问"你为什么要挣钱呢？"他又说："挣钱是为了娶媳妇啊！"于是这个人又问他说："你为什么要娶媳妇啊？"他说："为了生儿子啊？"别人问他："你为什么要生儿子呢？"他又说："为了帮我养羊啊。"

你的一辈子真的要这样过吗？这辈子如果真的要这样过，我想你就要合上这本书了。因为，这本书不是要给一个没有欲望的人看的。欲望和希望有相似之处，然而却又是不相同的。比如，新年之际，我们和朋友常互相祝福，说些"恭喜发财""新年发达"等话。这些话充其量是一种希望，没什么意义，它既不可能使我们发财，也不能给我们带来健康。因此我们常说："希望是美好的。"言下之意是：它未必能实现。如果是不切实际的希望不仅不能实现，而且转瞬之间即从脑中消逝。

而欲望不同，欲望来自幻想，但比较接近现实，是可以达到或实现的。因此，欲望又是一种具有推动力的心理，一种可以发挥自己潜能的力量。

我们可以做一个大胆的假设。假设一位姓王的先生，他现在收入是每年万元左右。因为租房子太贵且困难，他希望购买一套自己住的房子。他的同学、朋友都已买了房子，使他买房的欲望也就更加强烈了。在这种情况下，他就开始储蓄，节省一切不必要的开支。另一方面努力地工作，争取更多的收入。买房成为他最大的欲望，他的一切行动都以此为依据，不出几年就可实现。

我们常常痛心地看到，一些染上赌瘾的人往往不惜身败名裂，典当一切家当，为的是满足一个"多搏一次"的欲望。恋爱中的青年男女，为了追求对方，尽量迁就对方以博欢心。这些都是欲望产生出来的行为。

欲望常常是一种魔力，它可以改变整个人，发挥出一种平时没有的力量。我们有时说某些人中了"邪"，往往就是强烈的欲望支配着他的原因。中国古代就有两个著名的人物——豫让、伍子胥，可以说是这方面的典型。

豫让是春秋战国时晋国的义士。在他不得志时，曾受到当时的政治家智伯的欣赏和尊敬。然而，在一次政变中，智伯被赵襄子杀死。"士为知己者死"，豫让逃了出来并发誓要为智伯报仇，万死而不辞。为报仇，豫让改名换姓，到赵襄子门下作一名卑下的清扫工，身上却怀着一把锋利的匕首，随时准备刺杀赵襄子。但事机不密，失手被抓，赵襄子觉得义士难得，自己又没受伤，就放了豫让。

但豫让的报仇欲望并没因此消失，反而更强烈了。为了便于行刺，他不惜毁掉自己的容貌：他把漆油涂在身上，使皮肤腐烂，好像生了癞疮一样。剃了胡须，刮了眉毛，吞食木炭，使声音变哑。毁容程度之深，连他的妻子都认不出他。毁容之后，豫让便埋伏在赵襄子出游的一座桥下。快过桥时，赵襄子的马突然惊叫，豫让再次被发现并捉住。赵襄子仔细辨认，认出这人正是一再要为智伯报仇的豫让。毁己报仇，他再一次被豫让坚定的报仇意志所感动，于是脱下自己的袍子，让豫让刺袍以了心愿，而豫让刺袍后也就心满意足地自刎而死。

豫让为报仇易容，伍子胥为报仇忧虑而一夜白头。

　　伍子胥本是春秋时代楚国人。在一次权力之争中，他父亲伍奢和哥哥伍尚被楚平王杀害。楚平王又下令在全国各地悬赏捉拿他，为了报仇，伍子胥不得不躲入山林中野餐露宿。过度的忧虑和挫折，使年轻的伍子胥一夜之间一头黑发全部变白。但伍子胥"因祸得福"，凭着一头白发，轻而易举地逃过官兵的搜捕逃出吴国。

　　伍子胥初到吴国时，竟沦为街头卖唱的乞丐，但他并未因此放弃报仇的念头。在吴国他结交了一位武艺不凡、为人仗义的壮士——专诸。在吴国的一次宫廷权力斗争中，他们两人协助吴王夺取了王位。伍子胥又帮助吴王建立好政治制度，治理国家，使吴国成为当时的一个强国。16 年过去了，伍子胥看到时机成熟，率领吴国的军队向楚国发动了大规模的攻势，打败了楚国。满腔仇恨的伍子胥甚至把早已死去的楚平王尸体挖出，鞭其尸直至成为粉末。

　　豫让易容、伍子白头都是因为报仇心切，经历了千辛万苦而使然。遇到挫折而不罢休，支持他们的正是焚烧身心的欲望，当这种欲望驱使着人们时，必会发出惊人的神奇力量。不达目的誓不罢休。"不成功便成仁"，往往是具有强烈欲望者最好的写照。

## 潜意识是一块肥沃的土地

潜能分为意识上的潜能和体力上的潜能。意识上的潜能即我们常说的潜意识。

什么是潜意识呢？一个人的潜意识就像一个人的灵魂一样，它支配自己的行动和思想，而潜意识的建立，是由自己以往的历史、学问、接触、经验等等累积而成的。

说到这里，我想起自己亲身体验的一件事：小学时期，我在文娱活动中都是踊跃积极地参加。后来，只因为一句话，使我在中学六年中再没有参加过文娱活动。直到现在，我还是无法重新振起小学时在文娱活动中的雄风。这句具有如此深远影响的话是我的一位姑姑说的"你有驼背的习惯，跳起舞，舞姿不雅。"也许说者并不存心让我远离文娱，但我却因此而无法激起对文娱活动的信心。

记得三国时代的曹操，年轻的时候请人相面，那位相士据说是当时最有名的预言家许劭，他看了曹操的相只说了句："你这个人，一定是治世的能手，乱世的奸雄。"曹操听了之后，不以为然，竟哈哈大笑起来，心想："这位相士倒说得相当有道理，殊不知，这位星相学家随便说了两句话，竟对曹操的前途发生巨大的影响。"

像这样的情况并不是说这看相人是有先知先觉的人，而是这些人的本来存在就被外界罩上一层神秘的色彩，听这些人的话，内心就不知不觉地产生与这些话相应的感觉，并用这种感情去对待外界的事物，其结果当然就会由这些所谓预言家所说的事态结果发展下来。

人的潜意识是一张等待描绘的白纸，外界环境是用来描绘潜意识这张白纸的模拟对象，而沟通两者的桥梁就是人的"有意识"。是有意识这支笔描绘出潜意识的内容来的。外界环境是五彩缤纷、令人目不暇接，有意识这支笔描绘外界环境的那一部分，是正对着阳光的这一部分，还是背着光线的阴影呢？当然不能全部无选择地画下来，我们人的潜意识虽无分辨是非的能力，却有排斥对立情感的本能。人的感情也分好的和坏的，好的就像信心、欲望、希望、热心、爱心、温柔、善良等；不好的东西，像恐惧、嫉妒、仇恨、报复、贪心、迷信、愤怒等等。如果有仇恨和有爱心两样要我们选择，在我们的潜意识中只能选择仇恨或者爱心，而不能同时容纳下仇恨和爱心这两种互相对立的感情。正像圣经里说："没有人能同时侍奉两个主人。"不是恨这个就是爱那个，不是重这个就是轻那个，你不能同时侍奉上帝又侍奉财神。

因此要培养、建立正确的潜意识，需要我们有意识地控制自己的不良意念，努力地把外界不良的压力变为推动自己进取的动力，这对于建立正确的潜意识具有建设性的意义。

所以，一般成功人士见到别人成功时，都怀有一种认同竞争对方的心。心理上时常以别人为榜样，既然大家都是人，为什么你能做到而我就不能做到呢？这样因为爱慕别人成功的原因而不自觉推动自己和鞭策自己上进的心，比起那些否定别人的成功而眼红、仇恨的人，来得更有积极意义。

潜意识是一块肥沃的土地，种下粮食种子，就会获得丰收；种下野花杂草的种子，就会得一片野草杂花。要使潜意识这块沃土为我们自己所用，就得控制住我们的有意识。

　　控制有意识并不是件轻而易举的事，有人把控制有意识、驾驭潜意识，比做园艺功夫。在没有播种子之前，我们首先要耐心挖土锄草选种除虫。播种之后，要给予适当的肥料，然后再等待发芽。这还仅仅是开始，以后还有更多的事要做。若是浇水和施肥过多或过多的养分和肥料，都会使幼芽生长困难。水多了会淹死，少了会干死。施肥的同时，更要杀虫和拔除野草，否则，野草便会抢走养料，使幼芽失去生长机会。还要有适当的天气，阳光太强时，又要为植物遮阳，阳光过少了，又要用照明的光热进行补救。若不幸遇上早来的霜雪，很可能会把以前的心血全部摧毁。

　　可见，培养我们的潜意识，跟耕种一样，需要十二分心血和功夫来控制我们的有意识。

## 自我勉励和自我完善

德国心理学家曾做过一项关于勉励的研究，结果表明：一个受到勉励的人，能力可以发挥 80%—90%，是没受到勉励的人的 3-4 倍。自我勉励可以鼓舞人们作出抉择并从事行动，即"内部催动"。对自己进行自我暗示，比如"我希望自己业绩成为公司第一""我一定会演讲成功"等等。这些暗示会在睡眠前形成潜意识，深刻留在脑海中。这就相当于给自己的精神打了一针兴奋剂，所有阻碍目标实现的不良意识都会自动回避。

将自我勉励运用到工作中非常重要。随着社会压力的增大，很多人，尤其是创业者都有这样的情形：早上起床时，信心百倍，觉得自己所向披靡，无所不能。晚上睡觉前又觉得自己一无是处，灰心沮丧。此时，不妨进行自我勉励，对顺境时的忘乎所以进行抑制，给逆境时的颓丧打一针鸡血。

自励的前提是正确认识自己。古人云："君子不患人之不己知，患不自知也。"知道自己的长板和短板分别是什么，才能找到成功的关键、失败的原因。认真反省是实现自励的关键步骤，面对挫折和失败，反思出失败原因后，重新设定目标，制定实施步骤，脚踏实地的执行。

除了自我勉励外，还要学会自我完善。

我们的身体是由我们的思想所支配的。心情灰暗时，如果有亲友来访，那么精神上的创伤会被这种积极的暗示治愈。再比如，当你在生活工作中遇到挫折打击后，出趟远门旅游散心，江山如画的景象、高雅经典的艺术品，会在你的心中如春风一样把之前挫折带来的雾霾一吹而散。

　　每个人的生活环境不同，活动情形不同，头脑的发达程度也不同。生活在快节奏都市中的人们因为环境复杂、所接受心灵反馈繁多，所以相对比田园恬静生活的人们思想会更灵敏些。有些人在自我意识里觉得自己某些机能上有所缺陷。而这种缺陷的自我意识能消灭我们的自信，阻碍我们的成功。之所以我们的品性或机能有缺陷、有弱点，是因为我们大脑中管理那种品性行动的部分缺少活力，不够发达的缘故。而这些有缺陷、有弱点的品性或机能是可以进行补救和加强的。

　　头脑富有适应力。将思想常常集中在你觉得需要补救或加强的品性或机能上，那一部分的脑细胞会渐渐地加强，渐渐地发达。如果你有"选择恐惧症"，那么就要常怀坚决之心，想象自己你能够做出敏捷而正确的决定。心怀乐观，可使精神和机能得到加强。悲观厌世，可使精神和机能削弱。暗示的力量无穷，精神品质或身体机能易于改变的程度也是惊人的。

# 专注可以驾驭人生

在一段时间内，目标必须要专一。目标专一，力量才能往一处使，才能在胜利的喜悦中重新奔向下一个目标，积累出更多的自信。还是推崇以前的画圆策略，以目标为圆心，以对目标实现的作用大小为半径画圆，只在圆内活动，从圆心往外辐射，你就会有一个圆满的收获。

## 一辈子盯准一个目标

在人的一生中，个人的能力是有限度的，但人可以在一个特定领域成就一项大事业。其中一个至关重要的问题就是要"专"！王选先生曾这样说：做事要有"在一平方英寸的面积钻一公里深"的精神。当今社会科技发展飞速，以我们的学识，想做到样样精通是不可能的。要发挥"钻一公里深"的精神，成为一个项目或一门技术的专家。

## 让目的和过程都有质量

有目标的人是活得有意义的人，能看重人生本身这一过程并把握住过程的人是活得充实而真实的人。"不白活一回"应该是使目的和过程两方面都有质量。灵魂如果没有确定的目标，它就会丧失自己。因为俗话说得好，无所不在等于无所在。明确的目标是人生奋斗的航向。

有这样一个故事：有一位农夫欲上山去砍柴，却忽然想到脚上的草鞋很陈旧了，于是匆匆忙忙地搓绳打草鞋。忙完草鞋又检查斧锯，发现斧子太钝，锯子已锈，于是决定重新订购斧子和锯子。后来又嫌新斧子的材质不好……等到他万事俱备准备出发时，大雪已经封山。而农夫就只能抱怨："我的运气真是不好。"

也许你看了这个故事会觉很好笑，可是在现实生活中，这样好笑的人还真不少。真的是那个农夫的运气不好吗？非也，这个农夫的问题不在于运气的好坏，而是他在确立目标时思考的方法不当。他的目标是在大雪封山之前完成砍树的任务，这与鞋子的新旧关系不大，工具生锈了，也只是磨一磨的功夫而已，他却选择重购。就是这样与目标无关的动作，他做的太多，以至于让他忘记了原来的目标，最后导致了砍树计划的落空。

人生目标的追求与实现也是同样的道理。如何防止偏离目标？首先在思路上要分清轻与重、缓与急，如果随意地胡乱瞎抓一气，结果只能是"事倍功半"，甚至是"劳而无功"。其次，在决策上要抓住目标的根本去实施和完成，不能不分主次，甚至把力气都使用到次要方面，造成了一事无成的局面。

有这样一幅漫画：一个青年为了找水源，就开始挖井，他一连挖了四五个深浅不一的井都没有出水。然后，他又开始了新一轮的挖井行动。在画面的说明文字上，可以反映出他的心思：这个井下没有水，再换个地方挖。而事实是什么呢，每个画面上显示，他只要在每个井下再坚持挖有一尺的距离，就挖到丰富的水源了。

这幅画告诉人们：他之所以一直找不到水源，是因为他不肯在一个地方持之以恒地挖下去，结果白费了气力。它还告诉我们一个哲理：要想找到成功之源，除了肯花力气外，还要目标专一、持之以恒、坚持不懈，浅尝辄止者是不会成功的。

目标专一，才能更好地实现设定的目标，许多成功的例子证明了这确是一条必经之路。我国清代学者王国维曾总结了学习的三个境界。其一为志存高远，"昨夜西风凋碧树，独上高楼，望断天涯路";其二为持之以恒,"衣带渐宽终不悔,为伊消得人憔悴";其三为成功境界,"蓦然回首,那人却在灯火阑珊处"。还有一位思想家也说过:"锲而舍之,朽木不折;锲而不舍,金石可镂。"这些祖先留给人们的金玉良言在今天仍为可用,并将一直流传下去。自古以来,成功没有规则可循,但成功一定是有规律的。

目标专一并非不求上进,而是一种锲而不舍。全神贯注的追求。不但要有魄力而且要有定力,摆脱其他事物的诱惑,不为一切名利权位等中途易辙。这种定力是决定一个人能否"挖出井水"的最重要的条件。

坚持不懈的力量是无穷的

战国时期著名思想家荀子在他的《劝学》一文说道:"蚓无爪牙之力,筋骨之强,而上食埃土,下饮黄泉,用心一也;蟹六跪而二螯,非蛇鳝之穴无可寄托者,用心躁也!"

这一切都揭示出了这样一个道理:只有目标专一,才能心想事成!对于每一位追求成功的人来讲,目标专一、坚持不懈的力量是无穷的。

英特尔是一家电脑晶片制造商,他们致力于把全部资源都放在制造更好的晶片上,使自己在不到 10 年的时间里就达到比电脑处理机速度更快 4 倍的能力。他们以一年快过一年的设计速度,不断推出处理速度更快的晶片,保持自己在世界上的领先地位。他们之所以有这样的成就,就是因为英特尔公司专心致力于微处理机的研制工作,目标专一,从来不去担心其他领域的任何事情,这样一种精神是他们飞速发展的武器。

许多人只是为了某件事情时髦或流行就跟着别人随波逐流,忘了衡量自己的才干与兴趣,最终找不到自我,所得只是追逐了一时的热闹，而失去的是真正成功的机会。所以，如果一个能够认清自己，找到自己的方向，已经很不简单了；而能在成功路上抗拒一些诱惑，就更不简单了。

大家都知道"大禹治水"的故事，他是中国历史上的治水英雄，他的成功正是对目标专注的最好的注解。大禹三过家门而不入，历经十三年身体劳苦和忧心积虑，终于成为治水楷模的佳话，从而流芳百世。

在中外历史上，很多成功者都是目标专一的人，许多伟人为我们提供了榜样：美国作家海明威的作品以其自然、清新和精练而享誉世界，他那极为简洁的对话有着"电报式"的美称，当记者问他简洁风格形成的秘诀时，他说："站着写。"这不是幽默，而是事实。他对自己的写作习惯的解释是："我站着写，而且只用一只脚站着，采用这种姿势，使我处于一种紧张的状态，迫使我尽可能简短地表达我的思想。"

就是这样一种品质，正是这样一种专一的精神，才造就了一个又一个伟人。当然，要培养这种目标专一、坚持不懈的精神，也不是一朝一夕的功夫，它需要你长期的努力。老子说："合抱之木，生于毫末；九层之台，起于累土；千里之行，始于足下"。

任何事情都是从微小处萌芽，都是从头开始的，只有知难而进，不断地努力才能获得成功。只有朝着一个目标前进，才能到达理想的彼岸。

一生只做一件事，又能做好一件事，多么美好，多么值得。如此专一，如此宁静。一生专注用心地做好一件事，便能让自己在这一领域达至无人企及的高度，这是最能成就自己，实现自己的捷径。

# 第七章　看伟人们如何穿越逆境

孟子曰："故天将降大任于斯人也，必先苦其心志，劳其筋骨，饿其体肤，空乏其身，行拂乱其所为，所以，动心忍性，曾益其所不能。"孟子的意思是说，如果上天要把治理天下的大任交给一个人的话，一定先要使他的精神、肉体经受磨难，只有这样，才能增长他的智慧和才干。

孟子的话不仅成为儒家的经典言论，也成为人在逆境中激励自己自强不息的精神力量。值得注意的是，凡是有作为的人没有不是经过了一番艰难曲折的磨炼，所不同的是他们经受磨难的方式不同罢了。

## 曼德拉的大半生都在牢狱中

在南非，人们总爱亲热地称呼曼德拉为"马蒂巴（Madiba）"，当地语就是"老爹"的意思，这反映了平民与领袖间一种难得的亲近加崇敬的关系。确实，曼德拉是一位非常平易近人的领袖人物。他担任总统时甚至把来访的外国元首介绍给他的花工或厨师认识，弄得有些外国领导人很是尴尬。这位亲切的总统，在南非可是当之无愧的"新南非之父"，他的一生都以其超群的能力为争取自由平等而不懈地努力斗争。

有人说，在当今的国家元首中，没有一个能够像南非总统纳尔逊·曼德拉那样伟大。的确，这个有着传奇经历的黑人领袖，一生中获奖无数，尤其是诺贝尔和平奖，更使他蜚声全球。

1918年7月18日，南非特兰斯凯省乌姆塔塔的一个滕布族酋长家添了个男孩，这个男孩就是纳尔逊·罗利哈拉哈拉·曼德拉。

滕布人居住在群山环抱的山坡上，他们的房屋是一座座粉刷雪白的茅屋，四周种满了金合欢树，村子的外面是玉米地，曼德拉就是在这个和平、宁静的山谷中度过了自己的童年。

到了读书的年龄，曼德拉进了当地一所白人传教士开办的教会学校。从教会学校毕业后，曼德拉考入南非唯一招收黑人学生的黑尔堡大学。随着知识的不断积累，曼德拉却越来越陷入一种心灵的迷茫之中。300多年的种族隔离，使生活在南非的黑人和其他有色人种，备受歧视和压迫。于是他义无反顾地投身到反对白人种族主义统治的学生运动中。虽然他读书非常用功，但学校还是因他参加学生运动将他除名。这时候部落长老建议他回去继承酋长的职务，但曼德拉拒绝了，他已下定决心要献身南非人民的解放事业中去。

1941 年，这个身材魁伟的黑人酋长的儿子，从他世代居住的山谷，来到了南非第一大工业城市——约翰内斯堡，并在那儿加入了维护非洲人利益的组织——非洲人国民大会（简称"非国大"），不久他就成了非国大的领导成员之一，从此开始了他职业革命家的生涯。

1952 年，南非当局颁布了具有歧视性质的"人口登记法"。为了抵制这个法令，曼德拉组织了"蔑视运动"，号召黑人罢工罢市，示威的黑人成群结队地涌进专供白人使用的场所。这是南非有史以来第一次有组织的反对种族主义的群众运动，它的浩大声势使白人当局惊恐万分，于是政府下令禁止曼德拉参加政治活动。但非国大却因曼德拉成功领导"蔑视运动"，选举他为这个组织的副主席。

1958 年曼德拉因参加政治运动被关押，从监狱中保释出来后，他利用仅有的四天假期和温妮结婚，婚礼先在女方家中举行，按照当地的传统，另一半的婚礼应在男方家里举行。但因为时间不允许，另一半婚礼没有举行，曼德拉不得不告别妻子回到狱中。为此温妮一直珍藏着那半块婚礼蛋糕，等待着与曼德拉相聚的那一天。

1960 年，南非警察开枪镇压示威群众，不久政府又下令取缔了非国大。非国大开始转为秘密活动，为应变形势的变化，曼德拉着手建立了"民族之矛"军事组织，并亲自担任总司令。为了掌握武装斗争的策略，曼德拉在这一时期阅读了克劳塞维茨、毛泽东和格瓦拉等人的著作，为了争取国际社会对非国大的支持，曼德拉还多次秘密出国访问，会见了许多非洲国家领导人。1962

年 8 月 5 日，由于叛徒的出卖，曼德拉在约翰内斯堡附近被捕，从此开始了他长达 27 年的铁窗生涯。

在狱中曼德拉先后读完了伦敦大学法律、经济和商业专业的课程，还自学了一门外语。曼德拉不仅坚持学习，而且还利用一切机会和囚犯交朋友，给他们讲述反对种族隔离的道理。由于他经常领着难友与当局斗争，南非当局只好把他秘密转移到开普敦的中央监狱。当局表示只要他放弃武装斗争，就恢复他的自由，但是曼德拉坚定地说："自由决不能讨价还价。"

1990 年 2 月 11 日，开普敦监狱大门打开了，年已 71 岁的曼德拉走出牢门，这天世界各国采访他的记者多达 2000 人，曼德拉出狱的第一张照片被人以百万美元买走。出狱后，曼德拉成为非国大的主席，继续领导反对种族隔离制度的斗争。他率领代表团与此总统德克勒克为首的白人政府代表团进行谈判，经过不懈努力，最终促使政府逐步放宽种族隔离，并同意组织南非第一次真正意义上的全民选举。

1994 年 5 月 10 日，曼德拉的民族和解主张，赢得了南非各族人民的理解和支持并就任南非总统。从此，在南非实行了 300 余年的种族隔离制度被废除了，曼德拉成为南非有史以来的第一位黑人总统。

曼德拉出任南非历史上第一任黑人总统时将近 76 岁了，"老骥伏枥，能否走完千里？"有人提出了这样的疑问。他上任刚刚 5 天，英国《星期日泰晤士报》就放出消息，说曼德拉私下曾经暗示，他打算在两年之内辞去总统的职务。虽然曼德拉立即做出反应，声明这纯属谣言，但这件事情本身已经提示人们摆在新总统面前的道路并不平坦。贫困、饥饿、失业、教育、住房等问题困扰着刚就任的曼德拉。如何团结一切积极的力量，包括白人以及黑人中与国大党存在政治分歧的因卡塔自由党人，还有各色人种，对于这个有着四千万人口、多个种族组成的国家来说，的确不是一件易事。但是 76 岁的曼德拉并没有退缩，而是积极地面对困境。他为了争取种族平等，进行了长期艰苦卓绝的斗争，他以令人惊讶的充沛精力、积极的工作态度开展工作。

曼德拉 1999 年 6 月卸任总统后，本来能够安享晚年生活了，可他却闲不下来，可谓退而不休。一方面，他深深地热爱着非洲这块土地，以极其复杂的心情关注着非洲目前面临的困难和遭受的苦难，加上他"德高望重"的影响，因此不少非洲交战国邀请他担当国际调解人。另一方面，曼德拉是国际知名人士，甚至一些媒体称他是"20 世纪最后一位活着的历史人物"，因此几乎所有前往南非访问的国际政要、名人、明星都希望能与他见上一面，国内外的各种国际会议也大多邀请他前往出席捧场。曼德拉因长期牢狱折磨，造成膝关节和视力严重损伤。他行走不便，特别是双腿很难迈上台阶。但是这位老人的精神却一直很好，仍然在积极地忙碌着，他自己说他忙碌的日程是"每天从早到晚地工作，回家时已十分疲劳，唯一想做的事就是睡觉和做梦"。

现在，这位令人尊敬的、在逆境风雨中一路走过的老人，可以安心地休息了。他的光芒普照着南非人民，他的事迹感染了世界人民。

## 艾柯卡：在哪里跌倒就从哪里站起

艾柯卡，美国汽车业无与伦比的经营巨子，曾任职于世界汽车行业的领头羊——福特公司。由于其卓越的经营才能，使得他的职位节节高升，直到成了福特公司的总裁。

然而，就在他的事业如日中天的时候，福特公司的老板——福特二世却出人意料地解除了艾柯卡的职务，原因很简单，因为艾柯卡在福特公司的声望和地位已经超越了福特二世，他担心自己的公司有一天会改姓为"艾柯卡"。

此时的艾柯卡可谓是步入了人生的低谷，他坐在不足 10 平方米的小办公室里思绪良久，终于毅然而果断地下了决心——离开福特公司。

在他离开福特公司之后，有很多家世界著名企业的重要人物都曾拜访过艾柯卡，希望他能重新出山，但都被艾柯卡婉言谢绝了。因为他心中有了一个目标，那就是"从哪里跌倒的就要从哪里爬起来！"

他最终选择了美国第三大汽车公司——克莱斯勒公司，这不仅因为克莱斯勒公司的老板曾经"三顾茅庐"，更重要的原因是此时的克莱斯勒公司已是千疮百孔，濒临倒闭。他要向福特二世和所有人证明：我艾柯卡的确是一代经营奇才！

接管克莱斯勒公司后，艾柯卡进行了大刀阔斧的改革，辞退了 32 个副总裁，关闭了 16 个工厂，解雇了上千人员，从而节省了公司很大的一笔开支。整顿后的企业规模虽然小了，但却更精干了。另一方面，艾柯卡仍然用自己那双与生俱来的慧眼，充分洞察人们的消费心理，把有限的资金都花在刀刃上。根据市场需要，以最快的速度推出新型车，从而逐渐与福特、通用三分天下，创造了一个与"哥伦布发现新大陆"同样震惊美国的神话。

1983 年，在美国的民意测验中，艾柯卡被推选为"左右美国工业部门的第一号人物。"

1984 年，由《华尔街日报》委托盖洛普进行的"最令人尊敬的经理"的调查中，艾柯卡居于首位。

同年，克莱斯勒公司营利 24 亿美元，美国经济界普遍将该公司的经营好转看成是美国经济复苏的标志。

有人曾经在这一时刻呼吁艾柯卡竞选美国总统。如果说在福特公司的艾柯卡是福特的"国王"，那么在克莱斯勒的艾柯克无疑就是美国汽车业的"国王"。

艾柯卡之所以能创造这么一个神话，完全是受惠于当年从福特公司被解职的逆境，正是因为这一逆境才使艾柯卡的事业步入第二个春天。

## 磨难造就了春秋霸主

晋文公重耳之所以能称霸诸侯，主要得益于他在逆境面前的百折不挠、坚忍不屈。他曾在外逃亡 19 年，历尽艰辛，后来终于回国当了国君，试想如果没有坚强的个性和不屈的精神，又怎能成功呢？

其实晋文公在未流亡之前没有受过多大的磨难。他父亲晋献公的前半生曾是一位较有作为的君主，把晋国发展成了北方的大国。但晋献公晚年却犯了一个巨大的错误，惟夫人之言是听。那个时候的女人不能参政，将女人参政视为不吉，但她可以"吹风"，晋献公就没扛住这股"温柔风"，险些弄得晋国土崩瓦解。虽国家未亡，但动乱持续了 20 年，这 20 年正是重耳在外颠沛流离的 20 年。

晋献公晚年宠爱年轻貌美的骊姬，这个骊姬也有手段，害死了太子申生，又要害重耳，重耳只得逃往外地。应该说，骊姬在某种程度上还帮了重耳，如果没有她的迫害，重耳不可能流浪在外，没有机会历练出成就大事的本事，也就没有办法当上晋国的国君。如果哥哥申生继位，重耳最多能弄个亲王当当。但历史选择了重耳流亡，流亡并没有使重耳消沉，反而成熟了他的思想，磨炼了他的意志，净化了他的人格，造就了继齐桓公之后第二个春秋霸主。

人处在逆境时，往往灾难会接踵而来。重耳也不例外，当晋献公死后，秦国和齐国插手晋国另立新君的事，都想从中捞到好处。于是他们共同立了狡诈残忍的夷吾为晋国新君，这位新君觉得重耳在外是个心腹大患，于是派人追杀他。可怜流亡在外的重耳，先是遭到父亲宠姬的迫害，又要遭到自己弟弟的追杀，不得不亡命天涯。在那个时代为争夺皇位，手足相残的何止一二，可重耳并没有与弟弟争夺晋国国君之位，而且还流亡国外，从情理上应该躲过这一劫，难道重耳的经历还不能为孟子的那段话做很好的注脚吗？

一个人纵然意志再坚强，品质再优秀，也需要有人帮助才能成就大事，尤其是在艰难时期，不是吗？勾践再能忍，如果没有文仲和范蠡的帮助，也可能变成孤魂野鬼了，吴王阖闾做国君之前和重耳的情形一样，如果没有伍子胥的帮助又怎能复位荣登王位呢？重耳也不例外，他手下也有一些忠直之臣追随他，其中比较著名的有狐毛、狐偃、狐射姑、先轸、介子推、颠颉等人，这些人有胆略、有才能，他们追随重耳在狄国住了 12 年。不仅如此，重耳在狄国的妻子也是深明大义之人，当重耳得知夷吾要派人刺杀他，他准备逃走时，对妻子说："如果过 25 年我不来接你，你就改嫁吧。"妻子却说："好男儿志在四方，你放心走吧。我现在已经 25 岁了，再过 25 年就是 50 岁的老太婆了，想改嫁也没人要。你不用担心我，尽管走吧，我等着你。"（在那个年代，女人讲究好女不嫁二夫，她们好像男人的附属品，命运掌握在男人手里，而不掌握在自己手里。）由于夷吾派来的刺客提前赶来，重耳未来得及收拾好行装就匆匆忙忙逃走了。重耳一行人不得不到处乞讨。贵为一国公子，落难之时到处乞讨活命，需要有绝大的勇气，更要有坚韧的性格，两种生活境遇，犹如从天堂跌入地狱，如果没有坚强的性格，又怎能承受得了？

重耳一行人打算去齐国，但必须经过卫国。卫君是个很势利的人，见重耳是落难之人，不想帮他，便不让他从卫国通过。这并没有难住重耳一行人，他们绕过卫国，实在饿得忍受不住了，只好向农夫乞讨。农夫有意嘲笑他们，递过了一块土坷垃，幸亏被一位智慧的大臣巧妙地化解了。人在难处时，总有意想不到的困难。当重耳饿得头晕眼花时，一位大臣给他端来一碗肉汤，他喝完了才知道肉是从大臣腿上割下来的，想一想这种苦难能有几人受得了！重耳受住了，或许他知道自己不能就这么消沉。

重耳也曾动摇过，到了齐国后，娶了齐国公主，生活在温柔乡里，他不想再回国了，因为经过了众多的磨难，终于过上了安稳生活，为何还要再去受那颠沛流离之苦。这种打算和想法并没有在重耳身上真的实现，他在几位大臣的帮助下，又离开了齐国踏上了征程。

一个人的性格只有在特殊的环境中才能表现出来，坚韧性格也同样。如果万世升平，百姓安居，自己安安稳稳地做太平皇上又何来磨难呢？重耳颠沛流离朝夕不保，没有使他消沉下去，而是一直在寻找复出的机会，等待东山再起。

多年的流亡生活不但磨炼了他的意志，而且还有一个更大的收获，那就是丰富的政治经验，因为在当时用句时髦的话说就是"国与国之间斗争形势复杂"，在这种形势下除非有绝对军事实力和经济实力。不然，不用说称霸诸侯，恐怕保住领土和政权完整就算不错了。重耳就是在这种形势下流亡各国的，虽历经磨难，但也使得他变成了一个成熟的政治家，在复杂的争斗环境中也显得游刃有余。例如，重耳流亡到楚国时，楚成王把他当成贵宾接待，重耳对楚成王十分尊敬，两人成了好朋友。当时，楚国大臣子玉要杀掉重耳，以除后患，但被楚王阻止了。有一次宴会上，楚王开玩笑说："公子将来回到晋国，不知拿什么来报答我？"重耳说："玉石、绸缎、美女你们并不缺，名贵的象牙、珍奇的禽鸟就出产在你们的国土上，流落到晋国来的不过是你们的剩余物资，我真不知拿什么来报答您。托您的福，如果我能回到晋国，万一有一天两国军队不幸相遇，我将后退三舍来报答您。如果那时还得不到您的谅解，我就只好驱兵与您周旋了。"楚王虽只是开玩笑，但是一个很难回答的问题，如果重耳弄不好会使楚国君臣不悦，严重可能会有性命之忧，况且楚国大臣本来就反对重耳，要杀掉他，应该说他的回答是得体的。后来为了称霸诸侯，晋、楚两国果然兵戎相见了。晋文公"忧心忡忡"，面对来犯楚军，连忙下令晋军"退避三舍"。晋军很不理解，狐偃让人向军士广为宣传，说这是晋文公为了报答楚王的恩惠，实现以前的诺言。而实际上，这是激将法，激励晋军士气，树立晋文公的威望。从军事角度看，晋军后退可使楚军疲惫，避开楚军的锐气。因此，晋文公的"退避三舍"是以退为进的策略，实在是一箭双雕的高明之举。

后来，重耳在秦国的帮助下果然当上了晋国国君，他就是晋文公。晋文公43岁外逃狄国，55岁到了齐国，61岁到了秦国，在晋国即位时已62岁了。他流浪19年，虽说他在齐国时有一段安定的生活，但总的来说过的是寄人篱下、颠沛流离的日子，他受尽了人情冷暖，尝尽了世间的酸甜苦辣，见识了各国政治风云，锻炼了治国平天下的才能，终于把自己磨炼成了一个有治之君。

纵观晋国由乱到治的过程，确是引人深思。晋文公19年的磨炼，为他创造霸业准备了良好的客观条件，所以晋文公称霸也并非偶然，是各方面因素积累的结果。毫不夸张地说，是逆境成就了重耳的千秋霸业，这正如千锤百炼磨砺出宝剑的锋芒。在重耳流亡时，他缺吃少穿不说，还要对付各种追兵，诸侯各国的歧视，这一切困难没有动摇重耳称王称霸之心，逆境更能让人学习本事，其结果无疑是成功。但又有多少人能经受住肉体和精神的双重磨难呢？

晋文公的流亡、登基、称霸之路无一不是在逆境中步步艰难地走出来的，可现实中的那些失败者又有谁经受住了远不及晋文公的磨难呢？这的确引人深思。

## 勾践也曾卧薪尝胆

吴越两国本为邻邦，吴国趁越国王允常新逝世之际，发兵攻越结果大败而归，国王阖闾受伤而亡，从此两国结下了仇怨。其实，这种仇怨的实质并非什么国恨家仇，实则是双方都想吞并对方来扩大自己的领土，增加本国的势力。

阖闾死后，他的儿子夫差继位。为了替父报仇，他丝毫没有懈怠。经过两年的准备，吴王以伍子胥为大将，伯嚭为副将，倾国内全部精兵，经太湖向越国杀来，越国毫无抵挡之力，一战即败。勾践走投无路，后来走伯嚭的门路达成了议和。

议和的条件是，让越王勾践和他的妻子到吴国来做奴仆，随行的还有大夫范蠡。吴王夫差让勾践夫妇到自己的父亲吴王阖闾的坟旁，为自己养马。

那是一座破烂的石屋，冬天如冰窟，夏天似蒸笼。勾践夫妇和大夫范蠡一直在这里生活了 3 年。除了每天一身土两手马粪以外，夫差出门坐车时勾践还得在前面为他拉马。每当从人群中走过的时候，就会有人喊喊喳喳地讥笑："看，那个牵马的就是越国国王！"

这实在是太让人难以忍受，勾践由一国之君变成奴仆忍了，为人养马备受奴役也忍了，而他之所以会强忍着这所有的一切屈辱，为的就是日后的崛起。

勾践的性格高明之处就在这里。虽面对一切屈辱，从容自若。因为他非常明白，目前的情况只有忍辱，才有可能日后东山再起，如果不忍，不要说东山再起，恐怕连命都保不住。这似乎与中国传统的大英雄，大丈夫"宁为玉碎不为瓦全""士可杀不可辱"的传统有些背离。因为这些都是对那些宁死不屈、誓死不降的英雄们的赞语,其大无畏气概固然让人赞叹。但中国还有一句教人处世的俗语是:"留得青山在,不怕没柴烧。"后来的那位顶天立地的西楚霸王项羽就给我们留下了很多的深思。乌江岸边,乌江亭长热情的招呼他:"江东虽小,足可够大王称王称霸,日后也能干一番大事业。"而项羽是个宁折不弯的汉子,哪肯过江呢?他悲愤拔剑自刎身亡。也许项羽过江后楚汉相争会是另一番结果,也许他能一统天下……虽然这些都是也许,可从另一角度看这些英雄人物不妨屈尊一忍,设法日后再重新崛起。

勾践不但性格能忍,而且还善工心计。他抓住了吴国君臣贪财好色的弱点,让留在国内的大夫文种不断地向吴王进贡一些珍禽异兽,瑰宝美女,同时还不断给伯嚭送些贿赂。伯嚭收了越国的贿赂,不断地在吴王夫差面前为勾践说情,吴王夫差对勾践也产生了好感。勾践这一招的确厉害。他以忍来激励自我,同时还用计使吴王君臣纵情声色,荒废朝政。

后来有一个绝好的机会为勾践回国创造了条件。吴王病了,勾践为表忠心,在伯嚭的引导下,去探视吴王。正赶上吴王出恭,勾践尝了尝吴王的粪便后,便恭喜吴王,说他的病不久将会痊愈。这件事在吴王放留勾践的态度上起了决定性作用。或许是勾践真的懂得医道察言观色能看出吴王的病快好了;或许是勾践有意恭维吴王;或许是上天垂青勾践。总之,吴王的病真的好了,勾践此时已彻底取得了吴王的信任,吴王见勾践真的顺从了自己就把他放了。

勾践在这件事上所表现出来的忍辱的确是一般人做不到的。我们不排除勾践是在想尽一切办法回国,就其这种行为的确让人自叹弗如。纵观这一时期勾践的忍,是极其恭顺的忍。因为勾践很明白,结束这种为人奴仆的生活可能是茫茫无期,也可能近在咫尺。为何？因为这完全取决于吴王，只要吴王高兴，对自己所做的事满意，那么自己则有可能会提前获得自由。所以，勾践极尽恭顺讨好吴王。当然，勾践这里面有阴险的成分，这是人格的问题，我们自然不提倡，但勾践的忍却值得后人敬佩和慨叹。

勾践回国复位后，想到在吴国受的屈辱，内心燃烧着复仇的怒火。但时机并不成熟，他还必须忍耐，努力治理国家，等到兵精粮满时便一举伐吴。于是，他取来猪的苦胆放在座位旁，或坐或卧都要仰视苦胆，每顿饭前尝一点苦胆。他为激励自己复仇的心愿，经常自己问自己："勾践，你忘了会稽山的耻辱了吗？"他还和普通人一样亲自参加农田耕作，让夫人像普通妇女一样亲自纺线织布，吃粗劣的饭食，穿普通衣着。尊重贤才、虚心待贤、救贫吊丧、与老百姓同甘共苦。

身处逆境，并当形势比人强时，需要坚忍不拔。忍辱负重，其终极目标是为了达到扭转乾坤。勾践坚韧能忍是为了灭吴兴越，忍到一定程度总有爆发的一天。如果一味地忍下去，则是性格懦弱的表现。勾践终于忍到该向吴国进攻复仇的时候了。结果正如勾践所愿，一战便把吴军杀得大败。这次卑躬屈膝的不再是越王勾践了，而是吴王夫差。夫差也想像当年勾践向自己称臣为奴一样，打算投降勾践。勾践很可怜夫差，想答应夫差的请求，但被范蠡劝住了。最终吴国灭亡了，吴王夫差自杀身亡。

当时中原的几个大诸侯国，都处于低潮，不少小国投降了勾践，于是勾践俨然成了最后一代春秋霸主。勾践终于一吐胸中20多年的屈辱晦气，完成了复仇称霸的伟业。

国王、奴仆、霸主把勾践人生命运由衰而盛的轨迹勾画得清清楚楚，难道我们不能从中受到启发吗？